복소 함수론의 이해

김군찬 · 강영욱 지음

KM 경문사

머리말

학생들에게 복소 함수론을 다년간 지도하면서 항상 느끼는 생각은 학생들이 복소 함수론을 좀 더 쉽게 이해하고, 특히 중등수학교사 임용고사를 준비하는 학생들에게 도움을 줄 수 있는 적합한 방법이 없을까하는 것이다. 이러한 문제를 조금이나마 해소하기 위하여 이 책에서 복소 함수론의 중요한 개념, 다양하고 깊이 있는 문제의 소개, 문제를 풀이하는데 적합한 방법 등을 주로 다룬다. 또한 많은 그림을 넣어 개념과 문제 풀이 방법들을 이해하는데 도움이 되도록 하고 임용고사에서 출제된 대부분의 문제들을 예제 또는 연습문제로 삽입함으로 학생들에게 공부하는 방향성을 제시한다. 각 장의 연습문제에 대한 해답은 책 뒤편에 장별로 정리해 둔다.

이 책은 모두 9장으로 이루어졌다. 1장에서는 절댓값 성질을 이용하여 직선이나 곡선 위의 복소수를 나타내는 방법을 다루고, 2장에서는 함수가 해석적이기 위한 필요충분조건을 소개한다. 3장에서는 적분에 자주 등장하는 기본함수를 정의하고 이들의 사상(z-평면에서 w-평면으로)이 어떻게 이루어지는지 살펴본다. 4장은 코시-구르사 정리와 코시적분 공식 등을 이용하여 선적분을 계산한다. 최대값의 원리와 함수가 상수일 조건을 알려주는 리우빌 정리는 5장에서 다룬다. 6장에서는 유수를 계산하는데 유용하게 쓰이는 테일러 급수와 로랑 급수를 전개한다. 7장에서는 유수정리를 복소적분 계산에 활용한다. 유수 개념을 실함수에 대한 특이적분 계산에 응용하는 것은 8장에서 보여주며, 마지막으로 9장에서는 로체정리를 이용하여 복소함수의 근의 위치와 개수를 구한다.

좋은 책을 만들려고 노력했지만 저자의 능력 부족으로 처음에 가졌던 뜻을 다 이루지 못한 것 같아 아쉽다. 그러나 이 책이 복소 함수론을 좀 더 깊이 이해하고 특히 임용고시를 준비하는 독자에게 조금이나마 도움이 되기를 바란다. 앞으로 독자 여러분들의 제언과 충고에 귀 기울려 더 좋은 책을 만들어 가려고 한다. 독자들의 애정 어린 제언과 충고를 기다린다.

끝으로 이 책의 완성을 위해 조언을 아끼지 않은 이들에게 진심으로 감사를 드린다. 그리고 이 책이 나오기까지 여러 가지로 도움을 주신 경문사 사장님과 직원에게도 깊이 감사를 드린다.

저자 씀

치 례

제 4 장 적분

제 5 장 최대 절댓값과 리우빌 정리

제 6 장 급수의 성질과 로랑 급수

제 7 장 유수 정리

제 8 장 유수의 활용

제 9 장 로체 정리

제1장

복소수의 구조와 성질

복소수와 절댓값을 정의하고 절댓값의 성질과 의미를 이용하여 원 위의 점들을 지수형태로 나타낼 수 있음을 보인다. 복소수의 제곱근을 계산하는 방법을 통하여 함수의 영점을 구하고 이를 추후 선적분 계산에 활용한다.

1.1 절댓값의 성질

실수축 x와 허수축 y를 갖는 복소평면(complex plane)에서의 복소수(complex number) z는 다음과 같이 나타낸다.

$$z = (x,\ y) = x + iy$$

여기서 실수 x와 y를 각각 z의 실수부와 허수부라 하며 $i = \sqrt{-1}\ (i^2 = -1)$이다. i는 2차 방정식 $x^2 + 1 = 0$의 근이 되며, 이 기호는 오일러(1707~1783)가 도입하였다.

z의 실수 부분과 허수 부분을 종종 아래와 같이 표시하기도 한다.

$$x = Re\, z, \quad y = Im\, z$$

복소수 z는 그림 1.1과 같이 복소평면에서 하나의 점으로 표시할 수 있다. (앞으로 복소평면 또는 복소수 전체집합은 '복소평면 C', '복소수 집합 C' 등으로 표기하고, 경로를 나타낼 때는 '경로 C'로 표시한다.)

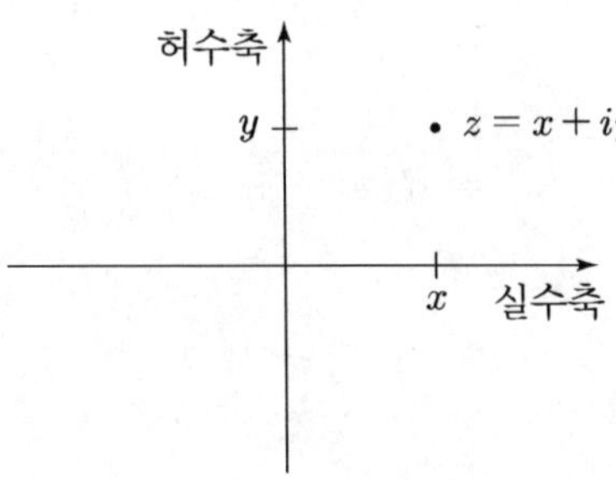

그림 1.1

두 복소수 $z_1 = x_1 + iy_1$과 $z_2 = x_2 + iy_2$의 합과 곱은 다음과 같이 정의한다.

$$z_1 + z_2 = (x_1 + x_2) + i(y_1 + y_2)$$
$$z_1 z_2 = (x_1 x_2 - y_1 y_2) + i(x_1 y_2 + x_2 y_1)$$

$z = x + iy$일 때 z의 켤레복소수(complex conjugate)는 $\overline{z}$로 나타내고 다음과 같이 정의한다.

$$\overline{z} = x - iy$$

따라서 z의 역수 z^{-1}은 켤레복소수를 위와 아래에 곱해서 다음과 같이 $\tilde{x} + i\tilde{y}$의 형태로 나타낼 수 있다.

$$\frac{1}{z} = \frac{1}{x+iy}\frac{x-iy}{x-iy} = \frac{x}{x^2+y^2} - i\frac{y}{x^2+y^2}$$

복소수 z의 절댓값(길이)은 다음과 같이 정의한다.

$$|z| = |x+iy| = \sqrt{x^2+y^2}$$

즉, $|z| = |z-0|$를 의미하고 이는 원점 0와 점 z 사이의 거리를 나타낸다. $z_1 = x_1 + iy_1$, $z_2 = x_2 + iy_2$일 때

$$|z_2 - z_1| = \sqrt{(x_2 - x_1)^2 + (y_2 - y_1)^2}$$

은 두 점 z_1과 z_2 사이의 거리를 나타낸다.

예제 1.1

$R > 0$, $z_0 = x_0 + iy_0$일 때 $|z - z_0| = R$을 만족하는 z들의 집합은 무엇을 나타내는가?

풀이 $z=x+iy$로 두면

$$|z-z_0|=|(x+iy)-(x_0+iy_0)|=\sqrt{(x-x_0)^2+(y-y_0)^2}=R$$

이 된다. 즉, $(x-x_0)^2+(y-y_0)^2=R^2$이기 때문에 $|z-z_0|=R$은 복소평면에서 중심점이 z_0이고 반지름이 R인 원을 나타낸다. ■

위의 예제 1.1의 결과에 의하여 $|z|=\frac{1}{2}$은 중심점이 0이고 반지름이 $\frac{1}{2}$인 원, $|z+i|=\sqrt{2}$는 중심점이 $-i$이고 반지름이 $\sqrt{2}$인 원, $|z+2-7i|=3$은 중심점이 $-2+7i$이고 반지름이 3인 원을 나타낸다.

$R>0$일 때 $0<|z|<R$을 만족하는 z들의 집합은 중심점이 원점이고 반지름은 R이며 원점과 경계선을 포함하지 않는 원판이다(그림 1.2 참조).

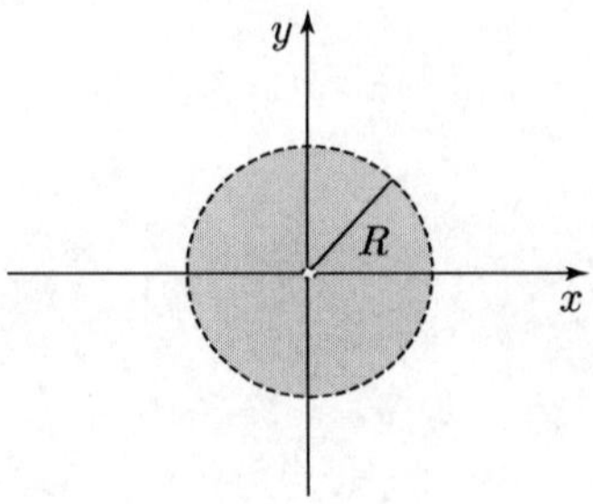

그림 1.2

절댓값의 성질들을 정리하면 다음과 같다.

두 복소수 z_1, z_2에 대하여

1. $|z_1z_2|=|z_1||z_2|$
2. $\left|\frac{z_1}{z_2}\right|=\frac{|z_1|}{|z_2|}$
3. $|z_1+z_2|\le|z_1|+|z_2|$

4. $||z_1|-|z_2|| \le |z_1-z_2|$

예제 1.2

$||z_1|-|z_2|| \le |z_1-z_2|$를 증명하여라.

증명 $z_1 = z_1 - z_2 + z_2$로 두면

$$|z_1| = |z_1 - z_2 + z_2| \le |z_1 - z_2| + |z_2|$$

을 만족하고, 따라서 $|z_1|-|z_2| \le |z_1-z_2|$가 된다. 한편, $z_2 = z_2 - z_1 + z_1$로 두면

$$|z_2| = |z_2 - z_1 + z_1| \le |z_2 - z_1| + |z_1| = |z_1 - z_2| + |z_1|$$

를 만족한다. 따라서 $|z_1|-|z_2| \ge -|z_1-z_2|$가 된다. 두 결과를 합치면 증명이 끝난다. ■

예제 1.3

$z = x + iy$일 때 $|z| \le |x| + |y|$를 증명하여라.

증명 $|z|^2 = \left(\sqrt{x^2+y^2}\right)^2 = x^2 + y^2 \le x^2 + |x||y| + y^2 = |x|^2 + |x||y| + |y|^2$
$= (|x| + |y|)^2.$

따라서 $|z| \le |x| + |y|$가 성립한다. ■

예제 1.4 (기출 1993)

$0 < |z| < 1$을 만족하는 복소수 z에 대하여 $z, z^2, z^3, z^4, \cdots$를 차례로 연결해

서 만들어지는 선분들의 길이의 합은 무엇인가?

풀이 S를 선분들의 길이의 합이라고 하면

$$\begin{aligned} S &= |z-z^2|+|z^2-z^3|+|z^3-z^4|+\cdots \\ &= |z||1-z|+|z|^2|1-z|+|z|^3|1-z|+\cdots \\ &= |z||1-z|(1+|z|+|z|^2+\cdots) \\ &= |z||1-z|\left(\frac{1}{1-|z|}\right). \end{aligned}$$

그러므로 $S=\dfrac{|z||1-z|}{1-|z|}$이다. ■

> ⋆ 리콜(기하급수) :
>
> $$1+r+r^2+r^3+\cdots=\frac{1}{1-r},\quad |r|<1$$

켤레복소수에 대한 성질들을 정리하면 다음과 같다.

1. $\overline{\overline{z}}=z$
2. $z\overline{z}=|z|^2$
3. $|z|=|\overline{z}|$
4. $\overline{z_1+z_2}=\overline{z_1}+\overline{z_2}$
5. $\overline{z_1z_2}=\overline{z_1}\ \overline{z_2}$
6. $\overline{\left(\dfrac{z_1}{z_2}\right)}=\dfrac{\overline{z_1}}{\overline{z_2}}$
7. $\overline{z^w}=\overline{z}^{\overline{w}}$

예제 1.5

켤레복소수를 이용하여 다음을 보여라.

$$|z_1 z_2| = |z_1||z_2|$$

풀이 위의 성질 2, 성질 5 그리고 다시 성질 2를 적용하면 다음을 얻는다.

$$|z_1 z_2|^2 = (z_1 z_2)(\overline{z_1 z_2}) = (z_1 z_2)(\overline{z_1}\ \overline{z_2}) = (z_1 \overline{z_1})(z_2 \overline{z_2}) = |z_1|^2 |z_2|^2$$

따라서 $|z_1 z_2| = |z_1||z_2|$가 성립한다. ■

예제 1.6

수학적 귀납법을 사용하여 $n = 2, 3, 4, \cdots$일 때 다음이 성립함을 보여라.

$$|z_1 z_2 \cdots z_n| = |z_1||z_2| \cdots |z_n|$$

풀이 예제 1.5에 의해서 $n = 2$일 때 $|z_1 z_2| = |z_1||z_2|$가 성립한다.
$n = k$일 때, $|z_1 z_2 \cdots z_k| = |z_1||z_2| \cdots |z_k|$가 성립한다고 가정하자.
$n = k+1$일 때, 절대치의 성질과 귀납법의 가정을 차례로 적용하면

$$\begin{aligned} |z_1 z_2 \cdots z_k z_{k+1}| &= |z_1 z_2 \cdots z_k||z_{k+1}| \\ &= |z_1||z_2| \cdots |z_k||z_{k+1}| \end{aligned}$$

가 된다. 따라서 $n = 2, 3, 4, \cdots$일 때 $|z_1 z_2 \cdots z_n| = |z_1||z_2| \cdots |z_n|$가 성립한다. ■

* 리콜(수학적 귀납법) :
모든 자연수 $n=1, 2, 3, \cdots$에 대하여 명제 S_n이 성립함을 보이기 위하여 다음 과정을 보인다.

(1) $n=1$일 때 S_1이 참임을 보임

(2) $n=k$일 때 S_k가 참임을 가정

(3) $n=k+1$일 때 S_{k+1}이 참임을 보임

1.2 복소수의 극형식과 지수형식

복소수 $z=x+iy$를 나타내는 좌표 $(x,\ y)$를 극좌표 $(r,\ \theta)$로 나타낼 수 있다. 여기서, $r=|z|$이며 θ는 그림 1.3에서 보는 바와 같이 x-축에서부터 시작하여 선분 $\overline{Oz}$까지 이루는 각이다.

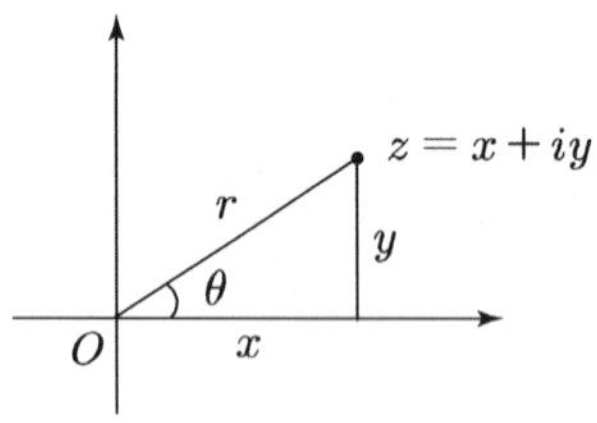

그림 1.3

그림 1.3으로부터 $x=r\cos\theta,\ y=r\sin\theta,\ \theta=\tan^{-1}\dfrac{y}{x}$가 된다. 따라서 z의 극형식(polar form)을 다음과 같이 정의한다.

$$z=r(\cos\theta+i\sin\theta)$$

반지름이 r인 원을 따라 한 바퀴 이상 돌더라도 똑같은 점 z로 되돌아오기 때문에 z를 나타내는 θ는 무수히 많다. 이런 각각의 θ를 z의 편각이라 부르고 $\arg z=\theta$로 나타낸다. z의 편각들 중에서 구간 $(-\pi,\ \pi]$에 속하는 각을 $\arg z$의 주값(principle value) 또는 z의 주편각이라 부르고 첫 글자를 대문자를 사용하여 $Arg\,z$로 나타낸다. 즉, $-\pi<Arg\,z\le\pi$. 따라서 다음이 성립한다.

$$\arg z=Arg\,z+2n\pi,\quad n=0,\ \pm1,\ \pm2,\ \cdots$$

주목 $0\le Arg\,z<2\pi$로 두는 경우도 있다.

예제 1.7

나음 각 복소수를 극형식으로 나타내고 $\arg z$와 $Arg\, z$를 각각 구하여라.

(1) $z=1+i$ (2) $z=-2i$

풀이 (1) $r=\sqrt{1^2+1^2}=\sqrt{2}$, $\theta=\dfrac{\pi}{4}$이다. 따라서 $z=\sqrt{2}\left(\cos\dfrac{\pi}{4}+i\sin\dfrac{\pi}{4}\right)$가 되므로 $\arg z=\dfrac{\pi}{4}\pm 2n\pi$, $n=0,\ \pm 1,\ \pm 2,\ \cdots$, $Arg\, z=\dfrac{\pi}{4}$가 된다.

(2) $r=\sqrt{0^2+(-2)^2}=2$, $\theta=-\dfrac{\pi}{2}$이다. 따라서 $z=2\left(\cos\dfrac{\pi}{2}-i\sin\dfrac{\pi}{2}\right)$가 되므로 $\arg z=-\dfrac{\pi}{2}\pm 2n\pi$, $n=0,\ \pm 1,\ \pm 2,\ \cdots$, $Arg\, z=-\dfrac{\pi}{2}$가 된다. ■

복소수 z의 **지수형식**은 오일러 공식 $e^{i\theta}=\cos\theta+i\sin\theta$를 z의 극형식 $z=r(\cos\theta+i\sin\theta)$에 대입하여 다음과 같이 나타낸다.

$$z=re^{i\theta}$$

예를 들면 $z=1+i$의 지수형식은

$$z=\sqrt{2}\,e^{i\left(\frac{\pi}{4}\pm 2n\pi\right)},\quad n=0,\ \pm 1,\ \pm 2,\ \cdots$$

이고, $z=-2i$의 지수형식은

$$z=2e^{i\left(-\frac{\pi}{2}\pm 2n\pi\right)},\quad n=0,\ \pm 1,\ \pm 2,\ \cdots$$

이다.

지수형식은 복소수의 거듭제곱근이나 원 위의 점들을 나타낼 때 쉽게 다룰 수 있도록 하는 장점을 가지고 있다. 두 복소수 $z_1=r_1e^{i\theta_1}$과 $z_2=r_2e^{i\theta_2}$의 합

$z_1 + z_2$는 그림 1.4와 같이 두 벡터의 합을 구하듯이 구한다.

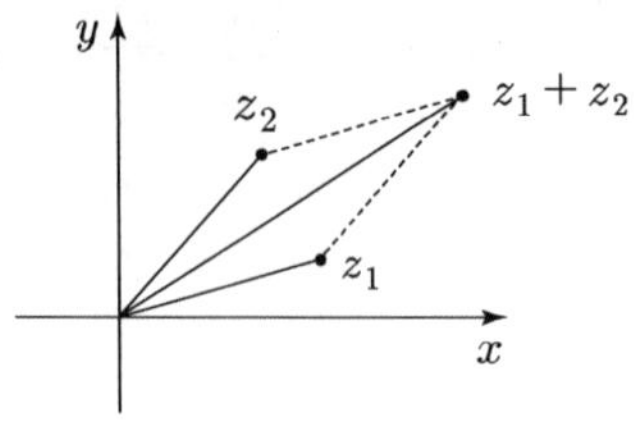

그림 1.4

두 복소수 $z_1 = r_1 e^{i\theta_1}$과 $z_2 = r_2 e^{i\theta_2}$의 곱 $z_1 z_2$는 다음과 같이 계산된다.

$$\begin{aligned}
z_1 z_2 &= r_1 r_2 e^{i\theta_1} e^{i\theta_2} \\
&= r_1 r_2 (\cos\theta_1 + i\sin\theta_1)(\cos\theta_2 + i\sin\theta_2) \\
&= r_1 r_2 [\cos\theta_1 \cos\theta_2 - \sin\theta_1 \sin\theta_2 + i(\sin\theta_1 \cos\theta_2 + \cos\theta_1 \sin\theta_2)] \\
&= r_1 r_2 [\cos(\theta_1 + \theta_2) + i\sin(\theta_1 + \theta_2)] \\
&= r_1 r_2 e^{i(\theta_1 + \theta_2)}
\end{aligned}$$

따라서 두 복소수의 곱 $z_1 z_2$의 길이는 각각의 길이를 곱한 것과 같고 곱의 각은 두 각을 합한 것과 같다(그림 1.5 참조).

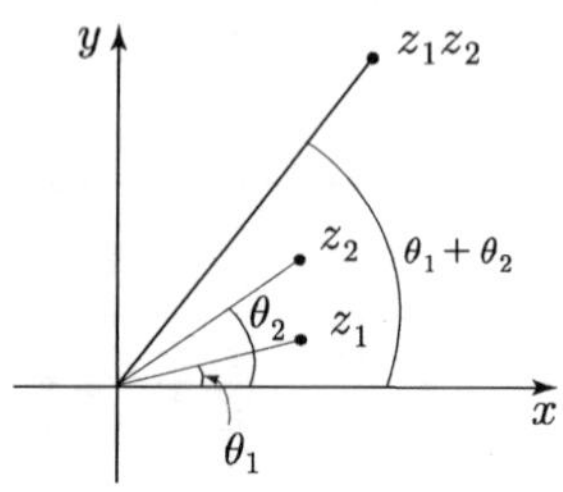

그림 1.5

위의 결과에 의하면 $z_1 z_2$의 편각은 다음과 같이 주어진다.

$$\arg(z_1z_2) = (\theta_1 + \theta_2) + 2n\pi, \quad n = 0, \pm 1, \pm 2, \cdots$$

이와 유사하게 다음과 같은 결과를 유도할 수 있다.

$$\frac{z_1}{z_2} = \frac{r_1}{r_2} e^{i(\theta_1 - \theta_2)}$$

예제 1.8

두 복소수 z_1과 z_2에 대하여 다음 등식이 항상 성립하면 증명을 하고 그렇지 않으면 반례를 들어라.

(1) $\arg(z_1z_2) = \arg z_1 + \arg z_2$ (2) $Arg(z_1z_2) = Arg\, z_1 + Arg\, z_2$

풀이 (1) 증명 : $\arg z_1 = \theta_1 + 2n_1\pi$, $n_2 = n - n_1$, $\arg z_2 = \theta_2 + 2n_2\pi$, 그리고 n_1, n_2, $n = 0, \pm 1, \pm 2, \cdots$로 두면

$$\begin{aligned}\arg(z_1z_2) &= (\theta_1 + \theta_2) + 2n\pi \\ &= \theta_1 + 2n_1\pi + \theta_2 + 2(n - n_1)\pi \\ &= \arg z_1 + \arg z_2.\end{aligned}$$

(2) 반례 : $z_1 = -1$, $z_2 = i$이면

$$Arg\, z_1 = \pi, \quad Arg\, z_2 = \frac{\pi}{2},$$

$$Arg(z_1z_2) = -\frac{\pi}{2}, \quad Arg\, z_1 + Arg\, z_2 = \frac{3\pi}{2}$$

가 된다. 이 경우 $Arg(z_1z_2) \neq Arg\, z_1 + Arg\, z_2$. ■

연습문제 1의 12번은 z_1과 z_2의 실수부가 0보다 크면(즉, $Re\, z_1 > 0$와

$Re\, z_2 > 0$을 만족하면) 등식 $Arg(z_1 z_2) = Arg\ z_1 + Arg\ z_2$가 성립함을 다룬다.

잘 알려진 드무아브르 공식은 복소수 z_0의 거듭제곱 $(z_0)^n$과 다음 절에서 다루는 거듭제곱근 $(z_0)^{\frac{1}{n}}$을 쉽게 구할 수 있게 해준다.

예제 1.9

자연수 n에 대하여 다음 드무아브르 공식이 성립함을 증명하여라.

$$(\cos\theta + i\sin\theta)^n = \cos n\theta + i\sin n\theta$$

증명 수학적 귀납법을 사용하여 증명한다.

$n=1$일 때, $(\cos\theta + i\sin\theta)^1 = \cos 1\theta + i\sin 1\theta$이므로 등식이 성립한다.

$n=k$일 때, $(\cos\theta + i\sin\theta)^k = \cos k\theta + i\sin k\theta$를 가정한다.

$n=k+1$일 때

$$\begin{aligned}(\cos\theta + i\sin\theta)^{k+1} &= (\cos\theta + i\sin\theta)^k(\cos\theta + i\sin\theta)\\ &= (\cos k\theta + i\sin k\theta)(\cos\theta + i\sin\theta)\\ &= (\cos k\theta\cos\theta - \sin k\theta\sin\theta)\\ &\quad + i(\sin k\theta\cos\theta + \cos k\theta\sin\theta)\\ &= \cos(k\theta+\theta) + i\sin(k\theta+\theta)\\ &= \cos(k+1)\theta + i\sin(k+1)\theta\end{aligned}$$

이다. 따라서 모든 자연수 n에 대하여

$$(\cos\theta + i\sin\theta)^n = \cos n\theta + i\sin n\theta$$

가 성립한다. ■

* 리콜(삼각함수 항등식) :

$$\cos(\theta_1+\theta_2)=\cos\theta_1\cos\theta_2-\sin\theta_1\sin\theta_2$$
$$\cos(\theta_1-\theta_2)=\cos\theta_1\cos\theta_2+\sin\theta_1\sin\theta_2$$
$$\sin(\theta_1+\theta_2)=\sin\theta_1\cos\theta_2+\cos\theta_1\sin\theta_2$$
$$\sin(\theta_1-\theta_2)=\sin\theta_1\cos\theta_2-\cos\theta_1\sin\theta_2$$

드무아브르 공식은 모든 자연수 n에 대하여 다음이 성립함을 의미한다.

$$(e^{i\theta})^n=e^{in\theta}$$

예제 1.10

다음 각 표현을 정리하고 주값을 구하여라.

(1) $z=(\sqrt{3}+i)^{18}$ (2) $z=\dfrac{(1+i)^3}{(\sqrt{3}+i)^2}$

풀이 (1) $z_0=\sqrt{3}+i=2e^{i\frac{\pi}{6}}$이다. 드무아브르 공식에 의하여

$$\begin{aligned} z&=(\sqrt{3}+i)^{18}=2^{18}(e^{i\frac{\pi}{6}})^{18}=2^{18}e^{i3\pi}=2^{18}(\cos 3\pi+i\sin 3\pi)\\ &=-2^{18}\end{aligned}$$

이고 주값은 π이다.

(2) $1+i=\sqrt{2}\,e^{i\frac{\pi}{4}}$, $\sqrt{3}+i=2e^{i\frac{\pi}{6}}$,

$$(1+i)^3=2^{\frac{3}{2}}e^{i\frac{3\pi}{4}},\quad (\sqrt{3}+i)^2=2^2e^{i\frac{\pi}{3}}$$

이기 때문에

$$z=\frac{(1+i)^3}{(\sqrt{3}+i)^2}=\frac{2^{\frac{3}{2}}}{2^2}e^{i\left(\frac{3\pi}{4}-\frac{\pi}{3}\right)}=\frac{\sqrt{2}}{2}e^{i\frac{5}{12}\pi}$$

$$=\frac{\sqrt{2}}{2}\left(\cos\frac{5}{12}\pi+i\sin\frac{5}{12}\pi\right)$$

가 된다. 주값은 $\frac{5}{12}\pi$이다. ▩

1.3 복소수의 거듭제곱근

$z=re^{i\theta}$, $z_0=r_0e^{i\theta_0}$일 때 $z^n=z_0$의 근 즉, n개의 거듭제곱근 $(z_0)^{\frac{1}{n}}$을 구하고자 한다. z_0을 무수히 많은 값

$$z_0=r_0e^{i(\theta_0+2k\pi)},\quad k=0,\ \pm1,\ \pm2,\ \cdots$$

으로 나타내면

$$(re^{i\theta})^n=r^ne^{in\theta}=r_0e^{i(\theta_0+2k\pi)},\quad k=0,\ \pm1,\ \pm2,\ \cdots$$

로 놓을 수 있다. 따라서 $r^n=r_0$, $n\theta=\theta_0+2k\pi$가 되고 n개의 거듭제곱근은 다음과 같이 주어진다.

$$z_k=\sqrt[n]{r_0}\,e^{i\left(\frac{\theta_0+2k\pi}{n}\right)},\quad k=0,\ 1,\ 2,\ \cdots,\ n-1$$

주목 $z_0=z_n$, $z_1=z_{n+1}$, $\cdots$

만약 $z_0=1$이면 $r_0=1$, $\theta_0=0$가 되어 $z^n=1$의 근은 아래와 같다.

$$z_k=e^{i\left(\frac{2k\pi}{n}\right)},\quad k=0,\ 1,\ 2,\ \cdots,\ n-1$$

예제 1.11

각 방정식의 근들을 구하고 그 근들의 위치를 표시해 보아라.

(1) $z^4 = 1$ (2) $z^3 = 1 + i$

풀이 (1) $r_0 = 1$, $\theta_0 = 0$이므로 $z_k = e^{i\left(\frac{2k\pi}{4}\right)}$, $k = 0, 1, 2, 3$으로 주어진다. 따라서

$$z_0 = 1$$

$$z_1 = e^{i\frac{\pi}{2}} = \cos\frac{\pi}{2} + i\sin\frac{\pi}{2} = i$$

$$z_2 = e^{i\pi} = \cos\pi + i\sin\pi = -1$$

$$z_3 = e^{i\frac{3\pi}{2}} = \cos\frac{3\pi}{2} + i\sin\frac{3\pi}{2} = -i$$

가 된다. 4개의 근 $1, i, -1, -i$는 그림 1.6과 같이 반지름이 1인 원 위에 90도 간격을 유지하며 위치한다.

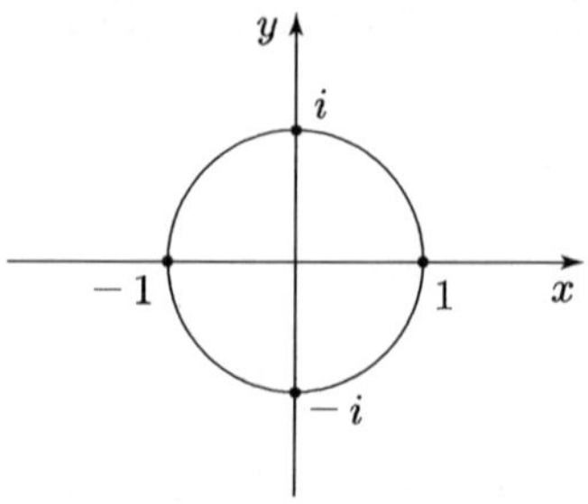

그림 1.6

(2) $r_0 = \sqrt{2}$, $\theta_0 = \dfrac{\pi}{4}$이므로 $z_k = \sqrt{2}\, e^{i\left(\frac{\pi/4 + 2k\pi}{3}\right)}$, $k = 0, 1, 2$로 주어진다. 따라서

$$z_0 = 2^{\frac{1}{6}} e^{i\frac{\pi}{12}} = 2^{\frac{1}{6}}\left(\cos\frac{\pi}{12} + i\sin\frac{\pi}{12}\right) = 1.084 + i\,0.291$$

$$z_1 = 2^{\frac{1}{6}} e^{i\frac{9\pi}{12}} = 2^{\frac{1}{6}}\left(\cos\frac{9\pi}{12} + i\sin\frac{9\pi}{12}\right) = -0.794 + i\,0.794$$

$$z_2 = 2^{\frac{1}{6}} e^{i\frac{17\pi}{12}} = 2^{\frac{1}{6}}\left(\cos\frac{17\pi}{12} + i\sin\frac{17\pi}{12}\right) = -0.291 - i\,1.084$$

가 된다. 3개의 근 $1.366 + 0.366i$, $-1 + i$, $-0.366 - 1.366i$는 그림 1.7과 같이 반지름이 $\sqrt{2}$인 원 위에 120도 간격을 유지하며 위치한다.

■

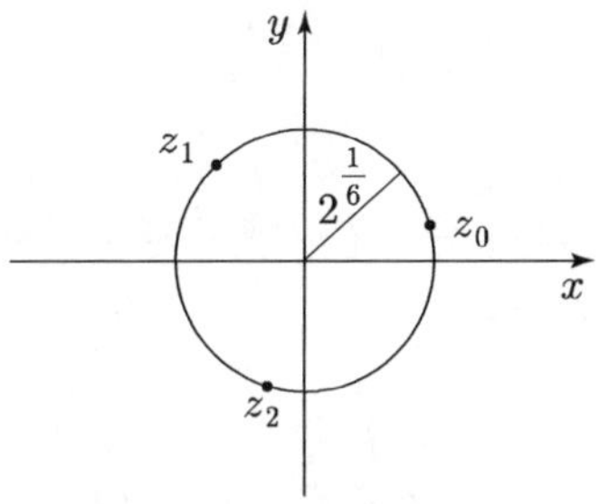

그림 1.7

예제 1.12 (기출 1992)

방정식 $z^n = 1$의 모든 근을 극형식으로 나타낼 때 편각 θ들의 합을 S_n이라 하자.

이때 $\lim_{n\to\infty}\frac{S_n}{n}$의 값을 구하여라(단, $0 \le \theta \le 2\pi$).

풀이 $z_0 = 1$이기 때문에 n개의 근은 $z_k = e^{i\left(\frac{2k\pi}{n}\right)}$, $k = 0, 1, 2, \cdots, n-1$이 되고 편각 $\theta = \frac{2k\pi}{n}$, $k = 0, 1, 2, \cdots, n-1$이 된다. 따라서

$$S_n = \sum_{k=0}^{n-1}\frac{2k\pi}{n} = \frac{2\pi}{n}\sum_{k=0}^{n-1}k = \frac{2\pi}{n}\frac{n(n-1)}{2} = \pi(n-1)$$

이고

$$\lim_{n \to \infty} \frac{S_n}{n} = \lim_{n \to \infty} \frac{\pi(n-1)}{n} = \pi$$

이다. ■

> ⋆ 리콜(유한 합) :
>
> $$1+2+3+\cdots+(n-1) = \frac{n(n-1)}{2}$$

예제 1.1에서 $|z-z_0| = R$은 복소평면에서 중심점이 z_0이고 반지름이 R인 원임을 보였다. 그러므로 이 원에 있는 임의의 z는 다음과 같이 나타낼 수 있다.

$$z = z_0 + Re^{i\theta}, \quad 0 \le \theta \le 2\pi$$

예를 들면, $|z-1| = 1$은 $z = 1 + e^{i\theta}$, $0 \le \theta \le 2\pi$로 나타낼 수 있다(그림 1.8 참조).

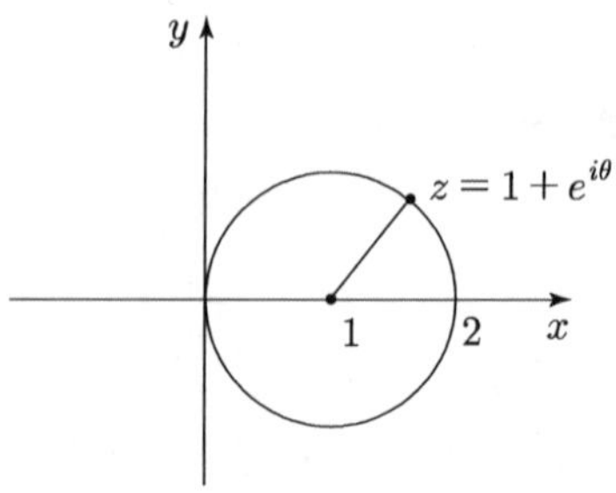

그림 1.8

또한 1.1절에서 다룬 $|z+i| = \sqrt{2}$은 $z = -i + \sqrt{2}\,e^{i\theta}$, $0 \le \theta \le 2\pi$로 나타낼 수 있다.

중심점이 원점($z_0 = 0$)인 경우는 아래와 같이 주어진다.

$$z = Re^{i\theta}, \quad 0 \le \theta \le 2\pi$$

1.1절에서 다룬 $|z| = \dfrac{1}{2}$을 만족하는 점 z는 지수형식으로

$$z = \frac{1}{2}e^{i\theta}, \quad 0 \le \theta \le 2\pi$$

로 다시 쓸 수 있다.

연습문제 1

1. (1) $z=\frac{\sqrt{2}}{2}+i\frac{\sqrt{2}}{2}$일 때 z^{100}을 구하여라.

   (2) $\sum_{k=0}^{100} i^k$을 $x+iy$의 형태로 나타내어라.

2. $|z+2|=|z+3i|$는 무엇을 나타내는가?

3. $|z-4|=2|z|$는 무엇을 나타내는가?

4. $|z-3i|+|z+3i|=9$는 무엇을 나타내는가?

5. $||z_1|-|z_2|| \le |z_1+z_2|$를 증명하여라.

6. (1) $\overline{z_1+z_2}=\overline{z_1}+\overline{z_2}$를 증명하여라.

   (2) 수학적 귀납법을 사용하여 다음을 증명하여라.

$$\overline{z_1+z_2+\cdots+z_n}=\overline{z_1}+\overline{z_2}+\cdots+\overline{z_n}$$

7. (1) $\overline{z_1 z_2}=\overline{z_1}\ \overline{z_2}$를 증명하여라.

   (2) 수학적 귀납법을 사용하여 다음을 증명하여라.

$$\overline{z_1 z_2 \cdots z_n}=\overline{z_1}\ \overline{z_2}\cdots\overline{z_n}$$

8. $Im\, z \le 0$인 z에 대하여 $|e^{-7iz}| \le 1$임을 증명하여라.

9. $z^5=1$의 근을 모두 구하고 $a+bi$ 형태로 나타내어라.

10. 복소수 $z = x + iy$에 대하여 $(iz)^3 = 1$의 근을 꼭지점으로 하는 삼각형의 넓이를 구하여라.

11. $z^3 + 8i = 0$의 근을 모두 구하고 $a + bi$ 형태로 나타내어라.

12. $Re\, z_1 > 0$이고 $Re\, z_2 > 0$일 때 다음 등식

$$Arg(z_1 z_2) = Arg\ z_1 + Arg\ z_2$$

가 성립함을 보여라.

13. 임의의 θ에 대하여 $(\sin\theta + i\cos\theta)^n = \sin n\theta + i\cos n\theta$를 만족하는 n의 조건을 구하여라.

14. $0 < \theta < 2\pi$일 때 $1 + e^{i\theta} + e^{i2\theta} + \cdots + e^{in\theta}$의 실수부와 허수부를 구하여라.

15. $-i$의 네제곱근[$(-i)^{1/4}$]을 모두 구하여라.

제2장

해석적 함수

복소함수의 극한과 연속 그리고 도함수를 정의하고 도함수의 존재에 대한 필요충분조건인 코시-리만 방정식에 대해서 살펴본다. 해석함수와 정함수를 정의하고 이들의 의미를 이해한다. 해석함수가 상수함수가 되어야만 하는 조건에 대해서도 연구한다.

2.1 복소함수, 극한, 연속성

복소수 $z = x + iy$에 대한 복소함수는 다음과 같이 정의한다.

$$f(z) = w$$

여기서 $w = u + iv$이고 $u = u(x,\ y)$, $v = v(x,\ y)$이다.

예를 들어, $f(z) = z^2 + 1$은 $f(x+iy) = x^2 - y^2 + 1 + i2xy$로 나타나고 $u(x,\ y) = x^2 - y^2 + 1$, $v(x,\ y) = 2xy$가 된다.

복소함수의 그래프는 4개의 변수 x, y, u, v에 대하여 모두 4차원 공간이 필요하기 때문에 z-평면과 w-평면을 분리하여 나타내는 방법을 취한다. 이를 **복소변환**(transformation) 또는 **사상**(mapping)이라 부른다. 복소변환은 3.2절에서 구체적으로 다룬다.

문장 "z가 z_0로 다가갈 때 $f(z)$의 극한은 w_0이다"는 다음과 같이 표기할 수 있다.

$$\lim_{z \to z_0} f(z) = w_0$$

이는 "임의의 $\epsilon > 0$에 대하여 어떤 $\delta > 0$가 존재해서 $0 < |z - z_0| < \delta$을 만족하는 모든 z에 대하여 $|f(z) - w_0| < \epsilon$을 만족한다"를 의미한다.

$f(z)$가 점 z_0에서 **연속**이 되기 위해서는 $f(z_0)$와 $\lim_{z \to z_0} f(z)$이 존재하고 $\lim_{z \to z_0} f(z) = f(z_0)$을 만족해야 한다. 이는 "임의의 $\epsilon > 0$에 대하여 어떤 $\delta > 0$가 존재해서 $|z - z_0| < \delta$을 만족하는 모든 z에 대하여 $|f(z) - f(z_0)| < \epsilon$을 만족한다"를 의미한다. $D \subseteq C$ 이고 각 점 $z \in D$에서 f가 연속이면 f는 D에서 연속이라 한다.

예제 2.1

$f(z)=3iz+4$일 때

(1) $\lim_{z\to i} f(z)=1$임을 증명하여라.

(2) $z_0=i$에서 f는 연속임을 증명하여라.

증명 (1) 임의의 $\epsilon>0$에 대하여 $\delta=\frac{\epsilon}{3}>0$으로 두면 $0<|z-i|<\delta=\frac{\epsilon}{3}$을 만족하는 모든 z에 대하여

$$|f(z)-w_0|=|3iz+4-1|=|3iz-3|=|3i||z-i|$$
$$=3|z-i|<3\frac{\epsilon}{3}=\epsilon$$

이기 때문에 극한값은 1이다.

(2) 방법 1. $\lim_{z\to i} f(z)=1=f(i)$이기 때문에 $z_0=i$에서 f는 연속이다.

방법 2. $z_0=i$에서 함수의 값과 극한의 값이 일치하기 때문에 위의 (1)의 증명과 거의 같다. 임의의 $\epsilon>0$에 대하여 $\delta=\frac{\epsilon}{3}>0$으로 두면 $|z-i|<\delta=\frac{\epsilon}{3}$을 만족하는 모든 z에 대하여

$$|f(z)-f(z_0)|=|3iz+4-1|=|3iz-3|=|3i||z-i|$$
$$=3|z-i|<3\frac{\epsilon}{3}=\epsilon$$

이기 때문에 $z_0=i$에서 f는 연속이다. ■

2.2 도함수

점 z_0에서 f의 도함수는 다음과 같이 정의한다.

정의 (도함수)

$$f'(z_0) = \lim_{z \to z_0} \frac{f(z) - f(z_0)}{z - z_0}$$

$$= \lim_{\Delta z \to 0} \frac{f(z_0 + \Delta z) - f(z_0)}{\Delta z}$$

여기서 $\Delta z = z - z_0$이다.

점 z_0에서 f의 도함수의 값이 존재하면 점 z_0에서 f는 '미분가능하다'고 한다.

* 리콜(실함수에 대한 도함수의 정의) :

$$f'(x_0) = \lim_{x \to x_0} \frac{f(x) - f(x_0)}{x - x_0}$$

$$= \lim_{h \to 0} \frac{f(x_0 + h) - f(x_0)}{h}$$

예제 2.2

$f(z) = iz^2$일 때 도함수의 정의를 이용하여 $f'(z)$를 구하여라.

풀이 각 $z \in C$에 대하여

$$
\begin{aligned}
f'(z) &= \lim_{\Delta z \to 0} \frac{f(z+\Delta z)-f(z)}{\Delta z} = \lim_{\Delta z \to 0} \frac{i(z+\Delta z)^2 - iz^2}{\Delta z} \\
&= \lim_{\Delta z \to 0} \frac{i[z^2+2z\Delta z+(\Delta z)^2]-iz^2}{\Delta z} = i\lim_{\Delta z \to 0}(2z-\Delta z) \\
&= i2z
\end{aligned}
$$

이다. 즉, f는 복소평면의 모든 점에서 미분가능하다. ▪

예제 2.3

$f(z)=|z|^2$은 어느 점에서 미분가능한가?

풀이

$$
\begin{aligned}
f'(z) &= \lim_{\Delta z \to 0} \frac{f(z+\Delta z)-f(z)}{\Delta z} = \lim_{\Delta z \to 0} \frac{|z+\Delta z|^2 - |z|^2}{\Delta z} \\
&= \lim_{\Delta z \to 0} \frac{z\bar{z}+z\overline{\Delta z}+\Delta z\bar{z}+\Delta z\overline{\Delta z})-z\bar{z}}{\Delta z} \\
&= \lim_{\Delta z \to 0} \left[z\left(\frac{\overline{\Delta z}}{\Delta z}\right)+\bar{z}+\overline{\Delta z}\right]
\end{aligned}
$$

경우 1 $\Delta x>0$, $\Delta y=0$인 상태에서 Δz가 원점으로 다가갈 때

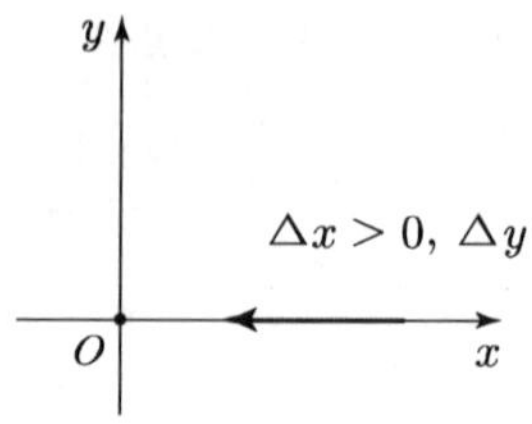

그림 2.1

이 경우 $\Delta z=\overline{\Delta z}=\Delta x$가 되어

$$
f'(z)=\lim_{\Delta x \to 0}\left[z\left(\frac{\Delta x}{\Delta x}\right)+\bar{z}+\Delta x\right]=z+\bar{z}
$$

로 주어진다.

경우 2 $\Delta x = 0,\ \Delta y > 0$인 상태에서 Δz가 원점으로 다가갈 때

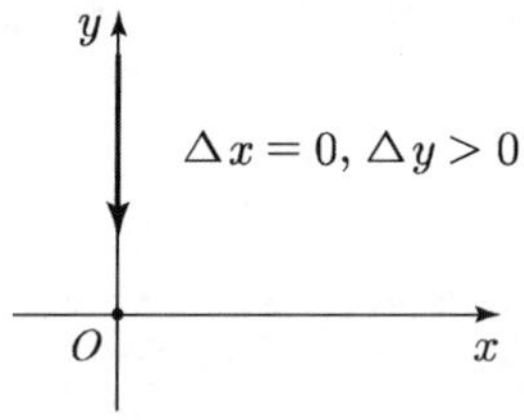

그림 2.2

이 경우 $\Delta z = i\Delta y,\ \overline{\Delta z} = -i\Delta y$가 되어

$$f'(z) = \lim_{\Delta y \to 0}\left[z\left(\frac{-i\Delta y}{i\Delta y}\right) + \bar{z} \pm i\Delta y\right] = -z + \bar{z}$$

로 주어진다. 극한은 유일해야 하기 때문에 $z + \bar{z} = -z + \bar{z}$가 되고 따라서 $z = 0$일 때만 위의 함수는 미분가능하며 $f'(0) = 0$이다.

■

미분의 기본 성질을 정리하면 다음과 같다.

1. c가 상수일 때, $c' = 0,\ [cf(z)]' = cf'(z)$
2. $[z^n]' = nz^{n-1}$
3. $[f(z) \pm g(z)]' = f'(z) \pm g'(z)$
4. $[f(z)g(z)]' = f(z)g'(z) + f'(z)g(z)$
5. $\left[\dfrac{f(z)}{g(z)}\right]' = \dfrac{g(z)f'(z) - f(z)g'(z)}{g(z)^2}$
6. $h(z) = g(f(z))$일 때, $h'(z) = g'(f(z))f'(z)$

2.3 코시-리만 방정식

다음 정리에 소개되는 코시-리만 방정식은 점 z_0에서 f의 도함수가 존재하기 위한 필요조건이다.

정리 2.1 (필요조건)

$f(z)=u(x, y)+iv(x, y)$이고 점 $z_0=x_0+iy_0$에서 $f'(z_0)$가 존재한다면 (x_0, y_0)에서 u, v의 편도함수들이 존재하고 코시-리만 방정식 $u_x(x_0, y_0)=v_y(x_0, y_0)$와 $v_x(x_0, y_0)=-u_y(x_0, y_0)$을 만족한다. 더욱이 $f'(z_0)=u_x(x_0, y_0)+iv_x(x_0, y_0)$로 주어진다.

증명 $z=x+iy$, $z_0=x_0+iy_0$, $\Delta z=\Delta x+i\Delta y$로 두자.

$f'(z_0)$가 존재한다면

$$
\begin{aligned}
f'(z_0) &= \lim_{\Delta z\to 0}\frac{f(z_0+\Delta z)-f(z_0)}{\Delta z} \\
&= \lim_{\Delta z\to 0}\frac{f(x_0+iy_0+\Delta x+i\Delta y)-f(x_0+iy_0)}{\Delta x+i\Delta y} \\
&= \lim_{(\Delta x,\Delta y)\to(0,0)}\frac{[u(x_0+\Delta x, y_0+\Delta y)-u(x_0, y_0)]+i[v(x_0+\Delta x, y_0+\Delta y)-v(x_0, y_0)]}{\Delta x+i\Delta y}
\end{aligned}
$$

로 나타낼 수 있다.

경우 1 : $\Delta x>0$, $\Delta y=0$일 때 $(\Delta x, \Delta y)\to(0, 0)$

$$
f'(z_0)=\lim_{(\Delta x,0)\to(0,0)}\frac{[u(x_0+\Delta x, y_0)-u(x_0, y_0)]+i[v(x_0+\Delta x, y_0)-v(x_0, y_0)]}{\Delta x}
$$

$$= \lim_{\Delta x \to 0} \frac{[u(x_0 + \Delta x, y_0) - u(x_0, y_0)]}{\Delta x} + i \lim_{\Delta x \to 0} \frac{[v(x_0 + \Delta x, y_0) - v(x_0, y_0)]}{\Delta x}$$

$$= u_x(x_0, y_0) + iv_x(x_0, y_0)$$

가 된다.

경우 2 : $\Delta x = 0$, $\Delta y > 0$일 때 $(\Delta x, \Delta y) \to (0, 0)$

$$f'(z_0) = \lim_{(0, \Delta y) \to (0, 0)} \frac{[u(x_0, y_0 + \Delta y) - u(x_0, y_0)] + i[v(x_0, y_0 + \Delta y) - v(x_0, y_0)]}{i\Delta y}$$

$$= \lim_{\Delta y \to 0} \frac{[v(x_0, y_0 + \Delta y) - v(x_0, y_0)]}{\Delta y} - i \lim_{\Delta y \to 0} \frac{[u(x_0, y_0 + \Delta y) - u(x_0, y_0)]}{\Delta y}$$

$$= v_y(x_0, y_0) - iu_y(x_0, y_0)$$

로 주어진다. 극한의 유일성에 의해서

$$u_x(x_0, y_0) = v_y(x_0, y_0), \quad v_x(x_0, y_0) = -u_y(x_0, y_0)$$

가 성립한다. ■

다음 정리는 점 z_0에서 f의 도함수가 존재하기 위한 충분조건이다.

정리 2.2 (충분조건)

점 $z_0 = x_0 + iy_0$의 ϵ-근방에서 정의된 함수 $f(z) = u(x, y) + iv(x, y)$에 대하여 편도함수들 u_x, u_y, v_x, v_y가 존재하고 (x_0, y_0)에서 연속이라 하자. 만약 이 편도함수들이 코시-리만 방정식 $u_x(x_0, y_0) = v_y(x_0, y_0)$와 $v_x(x_0, y_0) = -u_y(x_0, y_0)$을 만족한다면 f는 점 z_0에서 미분가능하고 $f'(z_0) = u_x(x_0, y_0) + iv_x(x_0, y_0)$로 주어진다.

예제 2.4

$f(z)=3iz+4$일 때 코시-리만 방정식을 이용하여 다음 함수들의 미분가능한 점들을 구하여라.

(1) $f(z)=|z|^2$

(2) $f(z)=iz^2$

(3) $f(z)=\dfrac{z}{|z|}$

풀이 (1) $f(z)=|z|^2=(\sqrt{x^2+y^2})^2=x^2+y^2$, $u(x,\ y)=x^2+y^2$, $v(x,\ y)=0$으로 주어진다. $u_x=2x$, $u_y=2y$, $v_x=0$, $v_y=0$이므로 $u_x=v_y$인 경우는 $x=0$ 그리고 $v_x=-u_y$인 경우는 $y=0$뿐이다. 점 $(0,\ 0)$에서 편도함수들이 연속이고 코시-리만 방정식을 만족하므로 $f(z)=|z|^2$는 원점에서만 미분가능하다.

(2) $f(z)=iz^2=-2xy+i(x^2-y^2)$, $u(x,\ y)=-2xy$, $v(x,\ y)=x^2-y^2$으로 주어진다. $u_x=-2y$, $u_y=-2x$, $v_x=2x$, $v_y=-2y$이므로 복소평면의 모든 점들에서 편도함수들이 연속이고 $u_x=v_y$와 $v_x=-u_y$을 만족한다. 코시-리만 방정식에 의하여 $f(z)=iz^2$는 모든 점에서 미분가능하다.

(3) $f(z)=\dfrac{z}{|z|}=\dfrac{x}{\sqrt{x^2+y^2}}+i\dfrac{y}{\sqrt{x^2+y^2}}$,

$$u_x=\frac{y^2}{(x^2+y^2)^{3/2}},\quad u_y=\frac{-xy}{(x^2+y^2)^{3/2}},$$

$$v_x=\frac{-xy}{(x^2+y^2)^{3/2}},\quad v_y=\frac{x^2}{(x^2+y^2)^{3/2}}$$

으로 주어진다. $u_x=v_y$를 만족하는 점들은 두 직선 $y=\pm x$이고 $v_x=-u_y$를 만족하는 점은 $(0,\ 0)$이다. 두 방정식을 모두 만족하는 점은 오직 $(0,\ 0)$뿐이나 이 점에서 편도함수들은 연속이 아니다. 따라서 코시-리만 방정식의 필요조건(대우명제 적용)에 의하여 $f(z)=\dfrac{z}{|z|}$는

모든 점에서 미분 불가능하다. ■

코시-리만 방정식을 다르게 나타낼 수 있다. 함수 $f(z)=u(x,\ y)+iv(x,\ y)$의 편도함수는 $f_x=u_x+iv_x$, $f_y=u_y+iv_y$이다. 따라서 다음이 성립한다.

$$f_x=-if_y$$

직교좌표로 나타낸 코시-리만 방정식을 변수 r, θ를 사용하여 다음과 같이 극형식으로도 나타낼 수 있다.

극형식의 코시-리만 방정식

$f(z)=u(x,\ y)+iv(x,\ y)$에 $x=r\cos\theta$, $y=r\sin\theta$를 대입하면

$$z=r(\cos\theta+i\sin\theta)=re^{i\theta},\ f(z)=u(r,\ \theta)+iv(r,\ \theta)$$

로 나타낼 수 있다. u를 r에 대한 편도함수를 구하면

$$\frac{\partial u}{\partial r}=\frac{\partial u}{\partial x}\frac{\partial x}{\partial r}+\frac{\partial u}{\partial y}\frac{\partial y}{\partial r}$$

즉, $u_r=u_x\cos\theta+u_y\sin\theta$가 된다. 이와 유사하게 다른 편도함수들도 아래와 같이 구할 수 있다.

$$\begin{aligned}
v_\theta &= -v_x r\sin\theta+v_y r\cos\theta\\
v_r &= v_x\cos\theta+v_y\sin\theta\\
u_\theta &= -u_x r\sin\theta+u_y r\cos\theta
\end{aligned}$$

f가 점 z에서 미분가능하면 코시-리만 방정식 $u_x=v_y$, $v_x=-u_y$를 만족한다.

따라서

$$
\begin{aligned}
v_\theta &= -v_x r\sin\theta + v_y r\cos\theta \\
&= u_y r\sin\theta + u_x r\cos\theta \\
&= r(u_x\cos\theta + u_y\sin\theta) \\
&= r u_r
\end{aligned}
$$

또한 $u_\theta = -rv_r$로 주어진다. 따라서 f가 점 z에서 미분가능하면 다음과 같이 극형식의 코시–리만 방정식을 만족한다.

$$u_r = \frac{1}{r}v_\theta, \qquad u_\theta = -rv_r$$

역으로 점 z의 어떤 ϵ-근방에서 r, θ에 대한 u, v의 편도함수들이 존재하고 그 근방에서 연속이고 극형식의 코시-리만 방정식을 만족한다면 $f'(z)$가 존재하고

$$f'(z) = e^{-i\theta}(u_r + iv_r)$$

로 주어진다.

예를 들면, $f(z) = z^2$, $z = re^{i\theta}$일 때 $f(z) = r^2e^{i2\theta} = r^2\cos 2\theta + ir^2\sin 2\theta$이 되고 모든 점에서

$$
\begin{aligned}
u_r &= 2r\cos 2\theta = \frac{1}{r}v_\theta \\
u_\theta &= -2r^2\sin 2\theta = -rv_r
\end{aligned}
$$

을 만족하고 편도함수들도 연속이다. 따라서 모든 점 z에서 도함수가 존재하며

$$
\begin{aligned}
f'(z) &= e^{-i\theta}(u_r + iv_r) \\
&= e^{-i\theta}(2r\cos 2\theta + i2r\sin 2\theta) \\
&= 2re^{-i\theta}e^{i2\theta} \\
&= 2re^{i\theta} \\
&= 2z
\end{aligned}
$$

가 된다.

2.4 해석적 함수

점 z_0에 대한 어떤 ϵ-근방이 존재해서 z_0뿐만 아니라 ϵ-근방에 속하는 모든 점 z에 대하여 $f'(z)$가 존재하면 f를 z_0에서 **해석적(analytic)**이라 한다. 복소평면 전체에서 해석적이면 f를 전해석함수 또는 **정함수(entire function)**라 부른다. 예를 들어, $f(z)=iz^2$은 정함수이며, $f(z)=|z|^2$는 원점 $(0,\ 0)$에서만 미분가능하기 때문에 복소평면의 모든 점에서 해석적이지 않다.

f가 어떤 영역 D에서 해석적이면 f는 D에서 다음과 같은 성질을 가진다.

1. 연속함수이다.
2. 모든 계의 도함수 $f',\ f'',\ f''',\ \cdots$가 존재한다.
3. 코시-리만 방정식 $u_x=v_y$와 $v_x=-u_y$를 만족한다.
4. D에 속하는 모든 점 z에 대하여 $f'(z)=0$이면 f는 상수함수이다. 즉, $f(z)=a+ib$.
5. $f(z)=u(x,\ y)+iv(x,\ y)$로 나타내었을 때 $u,\ v$는 조화함수(harmonic func- tion)가 된다. 즉,

$$u_{xx}(x,\ y)+u_{yy}(x,\ y)=0\text{와 } v_{xx}(x,\ y)+v_{yy}(x,\ y)=0$$

   을 만족한다.

주목 f가 복소평면전체에서 코시-리만 방정식을 만족하면 f는 모든 점에서 해석함수(정함수)이다.

예제 2.5

$f(z)$가 정함수이면 $\overline{f(\overline{z})}$도 정함수이다.

증명 $f(z)=u(x,\ y)+iv(x,\ y)$, $\overline{z}=x-iy$로 두자. 그러면

$$f(\bar{z}) = u(x,\ -y) + iv(x,\ -y),$$
$$\overline{f(z)} = u(x,\ -y) - iv(x,\ -y) = U(x,\ y) + iV(x,\ y)$$

가 된다. 한편 $f(z)$는 모든 점에서 해석적이기 때문에 모든 점에서 $u_x = v_y$와 $v_x = -u_y$가 성립한다. 또한 $U_x = u_x$, $V_y = v_y$, $U_y = -u_y$, $V_x = -v_x$이기 때문에 $U_x = V_y$와 $U_y = -V_x$을 만족한다. 따라서 $\overline{f(\bar{z})}$는 모든 점에서 해석적이다. ■

함수 $f(z) = u(x,\ y) + iv(x,\ y)$는 어떤 영역 D에 속하는 모든 점 $z = x + iy$에 대하여 $f'(z) = 0$이라고 하자. 그러면

$$f'(z) = u_x + iv_x = v_y - iu_y$$

이기 때문에 $u_x = v_x = 0$, $v_y = u_y = 0$가 된다.

이제 함수 $u(x,\ y)$의 기울기(gradient)를 $\nabla u(x,\ y) = u_x\vec{i} + u_y\vec{j}$로 정의하면 길이가 1인 임의의 단위 벡터 $\vec{a} = a_x\vec{i} + a_y\vec{j}$에 대한 u의 방향도함수(directional derivative)는 다음과 같이 주어진다.

$$D_{\vec{a}}\, u(x,\ y) = u_x a_x + u_y a_y = 0$$

위의 결과는 $u(x,\ y)$가 상수함수가 됨을 짐작하게 한다. 이와 유사하게 $v(x,\ y)$도 상수함수가 됨을 암시한다. 위의 개략적인 내용은 다음 정리가 성립함을 말해준다. 엄밀한 증명은 생략한다.

정리 2.3

어떤 영역 D에 속하는 모든 점 z에 대하여 $f'(z) = 0$이면 f는 D 상에서 상수함수($f(z) = c$, 여기서 c는 복소수)이다.

예제 2.6

$f(z)$는 D에서 해석적이며 D의 모든 점에서 실수값을 갖는다고 하자. 이때 f는 상수함수임을 증명하여라.

증명 $f(z)=u(x,\ y)+iv(x,\ y)=r$로부터 $u(x,\ y)=r$, $v(x,\ y)=0$가 된다. 다른 z에 대한 다른 r의 값이 나올 수 있지만 항상 $u_x=0$, $v_x=0$가 성립한다. 즉, $f'(z)=0$가 되며 정리 2.3에 의하여 f는 상수함수이다. ■

예제 2.7

$f(z)=u(x,\ y)+iv(x,\ y)$와 $\overline{f(z)}=u(x,\ y)-iv(x,\ y)$가 D에서 해석적이라 하자. 이때

(1) f는 D에서 상수함수임을 증명하여라.

(2) $|f(z)|$가 D에서 상수값을 가지면 f는 상수함수임을 증명하여라.

증명 (1) $f(z)$와 $\overline{f(z)}$가 해석적이므로 D의 모든 점에서 $u_x=v_y$, $u_y=-v_x$와 $u_x=-v_y$, $u_y=v_x$를 각각 만족한다. 위의 식으로부터 $2u_x=v_y-v_y=0$, $2u_y=-v_x+v_x=0$, $u_x=0$, $u_y=0$가 되고 $v_x=0$가 된다. $f'(z)=u_x+iv_x=0$이므로 정리 2.3에 의하여 f는 상수함수이다.

(2) $|f(z)|=c=0$이면 $f(z)=0$가 되고 f는 바로 상수함수임을 알 수 있다. $|f(z)|=c\neq 0$라고 가정하면 모든 점 z에 대하여 $f(z)\neq 0$이고 $|f(z)|^2=f(z)\overline{f(z)}=c^2$이 된다. 따라서 $\overline{f(z)}=\dfrac{c^2}{f(z)}$으로 나타낼 수 있고 $f(z)$가 해석적이기 때문에 $\overline{f(z)}$도 해석적이 된다. 이 문제의 첫 결과에 의하여 f는 상수함수가 된다. ■

예제 2.8 (기출 2005)

복소평면 C 안의 영역(domain) D에서 정의된 함수 $f: D\to C$가 해석적이고, 모든 $z\in D$에 대해 $Im\,f(z)=2\,Re\,f(z)$가 성립한다. 이때 $f(z)$는 D에서 상수임을 보여라.

증명 $f(z)=u+iv$로 두면 주어진 조건 $Im\,f(z)=2\,Re\,f(z)$는 $v=2u$를 의미한다. 즉, $f(z)=u+i2u$로 나타낸다. f가 D에서 해석적이기 때문에 D에서 $u_x=v_y$, $u_y=-v_x$가 성립한다. 이는 각각 $u_x=2u_y$, $u_y=-2u_x$를 의미한다. 후자를 전자에 대입하면 $u_x=-4u_x$, 즉 $5u_x=0$가 되어 $u_x=0$의 값을 가진다. 이로 인하여 u_y 역시 0이 되고, 따라서 $v_x=0$가 된다. $f'(z)=u_x+iv_x=0$이므로 정리 2.3에 의하여 f는 상수함수이다. ■

연습문제 2

1. $f(z)=z^3$일 때 $f'(z)$를 도함수의 정의를 이용하여 구하여라.

2. $f(z)=\bar{z}$일 때 미분가능한 점들을 구하여라.
   (1) 도함수의 정의를 이용하여
   (2) 코시-리만 방정식을 이용하여

3. $f(z)$가 점 z_0에서 연속이고 $f(z_0)\neq 0$이면 어떤 δ-근방 $B_\delta(z_0)$이 존재하여 $B_\delta(z_0)$에 속하는 모든 z에 대하여 $f(z)\neq 0$임을 증명하여라.

4. 극한의 정의(ϵ, δ-방법)을 이용하여 $\lim_{z\to z_0} f(z)=0$이고 $M>0$이 존재해서 모든 z에 대하여 $|g(z)|\le M$이면 $\lim_{z\to z_0} f(z)g(z)=0$임을 증명하여라.

5. f가 점 z_0에서 미분가능하면 f는 점 z_0에서 연속임을 증명하여라.

6. $f(z)=\dfrac{(\bar{z})^2}{z}$일 때 코시-리만 방정식을 이용하여 모든 점에서 미분불가능함을 보여라.

7. $f(z)=-2xy-5x+i(x^2-y^2-5y)$, $z=x+iy$일 때
   (1) 코시-리만 방정식을 이용하여 $f(z)$가 정함수임을 보여라.
   (2) $f'(z)$를 구하고 $f'(z)$를 z의 함수 형태로 나타내어라.

8. $f(z)=\dfrac{1}{z}$일 때 코시-리만 방정식의 극형식을 이용하여 $f'(z)$를 구하여라.

9. $f(z)$가 영역 D의 모든 점 z에 대하여 해석적이고 $f(z)\overline{f(z)}=1$을 만족하면 f는 상수함수임을 증명하여라.

10. $D=\{z \mid Re\, z>0\}$에서 정의된 복소함수

$$f(z)=\frac{1}{2}\log(x^2+y^2)+i\arctan\left(\frac{y}{x}\right)$$

가 해석적임을 증명하고 도함수를 구하여라.

11. (기출 2012)
두 실수 a와 b에 대하여 복소함수

$$f(x+iy)=(x^3-2axy-bxy^2)+i(2x^2-ay^2+bx^2y-y^3)$$

(x, y는 실수)

가 정함수(entire function)일 때, a^2+b^2의 값은?

① 10 ② 13 ③ 17
④ 18 ⑤ 20

제3장

기본함수와 사상

복소 지수함수, 로그함수, 삼각함수 등의 기본함수를 정의하고 이들의 성질을 살펴본다. 특히 로그함수와 관련된 분지 개념을 이해하고 정립한다. 복소함수의 그래프는 4차원 공간이 필요하므로 쉽게 그릴 수가 없어 x, y-평면과 u, v-평면으로 나누어서 나타낸다. x, y-평면에 있는 영역은 기본함수에 의해서 어떻게 u, v-평면으로 사상 또는 변환되는지 알아본다.

3.1 기본함수

많이 쓰이는 기본함수는 다음과 같다.

지수함수

지수함수 f는 정함수가 되고, 모든 z에 대하여 $f'(z)=f(z)$을 만족하며, z가 실수일 때 $f(z)=e^x$가 되는 다음 함수로 정의한다.

$$f(z)=e^z=w$$

$z=x+iy$, $w=u+iv$로 두고 위의 형태를 더 구체적으로 나타내면

$$f(z)=e^z=e^{x+iy}=e^x e^{iy}=e^x(\cos y+i\sin y)$$

가 되고, 여기서 $u(x, y)=e^x\cos y$, $v(x, y)=e^x\sin y$로 주어진다.

예를 들면 $z=1+\frac{\pi}{2}i$일 때 $f(z)=e^{\left(1+\frac{\pi}{2}i\right)}=e\cos\frac{\pi}{2}+ie\sin\frac{\pi}{2}=ei$이다. 역으로 $e^z=ei$를 만족하는 z는 $e^x(\cos y+i\sin y)=ee^{i\frac{\pi}{2}}$에서 $e^x=e$, $y=\frac{\pi}{2}+2n\pi$가 되고, 따라서 $z=x+iy=1+i\left(\frac{\pi}{2}+2n\pi\right)$, $n=0, \pm1, \pm2, \cdots$로 주어진다.

지수함수의 성질은 다음과 같다.

1. $e^{z_1}e^{z_2}=e^{z_1+z_2}$
2. $\frac{e^{z_1}}{e^{z_2}}=e^{z_1-z_2}$

3. $\frac{d}{dz}e^z = e^z$

로그함수

로그는 다음과 같이 정의한다.

$$\log_e z = w \iff e^w = z$$

주목 $\log_e z$에서 e를 생략하고 $\log z$로 나타내어 사용한다.

$w = u + iv,\ z = re^{i\theta}$로 두고 위의 형태를 더 구체적으로 나타내면

$$e^{u+iv} = z = re^{i\theta},\ \text{여기서}\ r = |z|$$
$$e^u e^{iv} = re^{i\theta}$$
$$e^u = r,\ v = \theta + 2n\pi$$
$$u = \log r = \log |z|$$

가 된다. (여기서 $\log r$은 양의 실수 r에 대한 자연로그를 의미한다. 간혹 $Log\, r$로 나타내기도 한다.) 따라서 로그는 다음과 같이 나타낸다.

$$\log_e z = \log r + i(\theta + 2n\pi),\quad n = 0,\ \pm 1,\ \pm 2,\ \cdots$$

더불어 $\theta + 2n\pi$를 $\arg z$로 나타내면

$$\log_e z = \log |z| + i \arg z$$

로 쓸 수 있다. 여기서 $u(x,\ y) = \log |z|,\ v(x,\ y) = \arg z$이다.

예를 들면,

$$\log(1+i) = \log\sqrt{2} + i\left(\frac{\pi}{4} + 2n\pi\right)$$

$$\log e = \log e + i(0 + 2n\pi) = 1 + 2n\pi i$$

$$\log(-3i) = \log 3 + i\left(-\frac{\pi}{2} + 2n\pi\right)$$

가 된다. 즉, $\log z$는 하나의 점에 대하여 무수히 많은 값을 가진다. 따라서 $\log z$는 함수라 할 수 없다. 다만 로그를 다음과 같이 정의하면 하나의 함수가 된다.

정의 (로그함수)

$$f(z) = Log\ z = \log r + i\ Arg\ z$$

여기서, $-\pi < Arg\ z \leq \pi$이다.

이 경우

$$Log(1+i) = \log\sqrt{2} + i\frac{\pi}{4}$$

$$Log\ e = \log e + i0 = 1$$

$$Log(-3i) = \log 3 + i\left(-\frac{\pi}{2}\right)$$

로 주어진다.

로그에는 다음과 같은 성질이 있다.

1. $e^{\log z} = z$
2. $\log(z_1 z_2) = \log z_1 + \log z_2$
3. $\log\left(\frac{z_1}{z_2}\right) = \log z_1 - \log z_2$
4. $\frac{d}{dz}\log z = \frac{1}{z}$

예제 3.1

$e^{\log z} \neq \log e^{z}$임을 보여라.

증명 $e^{\log z} = e^{\log r + i(\theta + 2n\pi)} = e^{\log r} e^{i(\theta + 2n\pi)} = re^{i(\theta + 2n\pi)} = z$

$$\log e^{z} = \log e^{(x+iy)} = \log(e^{x} e^{iy}) = \log e^{x} + \log e^{i(y+2n\pi)}$$
$$= x + i(y + 2n\pi) = x + iy + 2n\pi i = z + 2n\pi i$$

따라서 $e^{\log z} \neq \log e^{z}$이다. ■

$f(z) = Log\, z$는 $\widetilde{D} = \{z \in C \mid x \leq 0,\ y = 0\}$에서 불연속임을 보이도록 하자. 먼저 반지름이 1인 원 위에 있는 점들은 $Log\, z$에 의해서 어떻게 사상이 되는지 살펴보자.

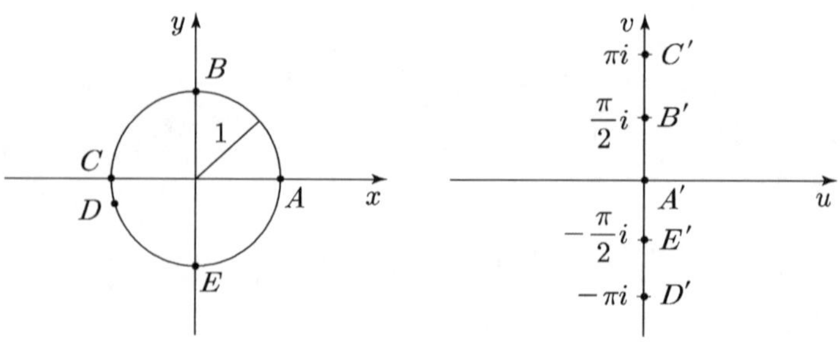

그림 3.1

$A(z=1)$: $Log\, 1 = \log 1 + i0 = 0 \Rightarrow A'(w=0)$로 사상됨

$B(z=i)$: $Log\, i = \log 1 + i\frac{\pi}{2} = i\frac{\pi}{2} \Rightarrow B'\left(w = i\frac{\pi}{2}\right)$로 사상됨

$C(z=-1)$: $Log(-1) = \log 1 + i\pi = i\pi \Rightarrow C'(w = i\pi)$로 사상됨

$D(z \approx -1$: -1에서 약간 아래) : $Log(z) \approx i(-\pi)$

$\Rightarrow D'(w \approx i(-\pi))$로 사상됨

$E(z=-i)$: $Log(-i) = \log 1 + i\left(-\frac{\pi}{2}\right) = i\left(-\frac{\pi}{2}\right)$

$\Rightarrow E'\left(w = i\left(-\frac{\pi}{2}\right)\right)$로 사상됨

위의 결과에서 보듯이 z-평면의 두 점 C와 D는 매우 가까이 있으나 두 점들에 대한 함수 $w = Log\, z$의 값들은 각각 $C' \approx i\pi$와 $D' \approx i(-\pi)$로 거리가 거의 2π나 떨어져 있다. 따라서 $Log\, z$ 함수는 점 -1에서 연속이 아니다.

구체적으로 $\epsilon < 2\pi$로 두면 어떠한 $\delta > 0$에 대하여 $|C - D| < \delta$을 만족하는 두 점 C와 D를 위와 같이 정할 수 있으나

$$|f(C) - f(D)| = 2\pi > \epsilon$$

가 된다. 이와 유사하게 $Log\, z$는 -1에서 뿐만 아니라

$$\widetilde{D} = \{z \in C \mid x \le 0,\ y = 0\}$$

에서도 불연속이다(그림 3.2 참조).

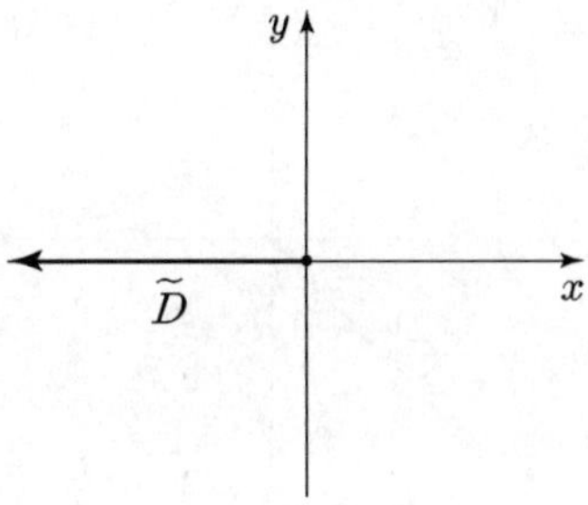

그림 3.2

로그함수의 분지

$f(z) = Log\, z = \log r + i\, Arg\, z$일 때

$$\widetilde{D} = \{z \in C \mid x \le 0,\ y = 0\} = \{z \in C \mid r \ge 0,\ \theta = \pi\}$$

를 f의 주분지(principle branch cut)라 부른다(그림 3.2 참조). f는

$$R = \{(r,\ \theta) : r > 0,\ -\pi < \theta < \pi\}$$

에서만 해석적이며 $f'(z) = \frac{d}{dz} Log\, z = \frac{1}{z}$이 된다.

로그함수를 다음과 같이 정의하면

$$f_\alpha(z) = Log\, z = \log r + i\theta,\ r > 0,\ \alpha < \theta < \alpha + 2\pi$$

$\widetilde{D_\alpha} = \{z \in C \mid r \geq 0,\ \theta = \alpha\}$를 f_α의 α-분지라 부른다. α-분지를 제외한 나머지 영역에서는 f_α가 해석적이 되며 $f_\alpha'(z) = \frac{d}{dz} Log\, z = \frac{1}{z}$이 된다.

그림 3.3은 $\alpha = \frac{5\pi}{4}$인 경우이다.

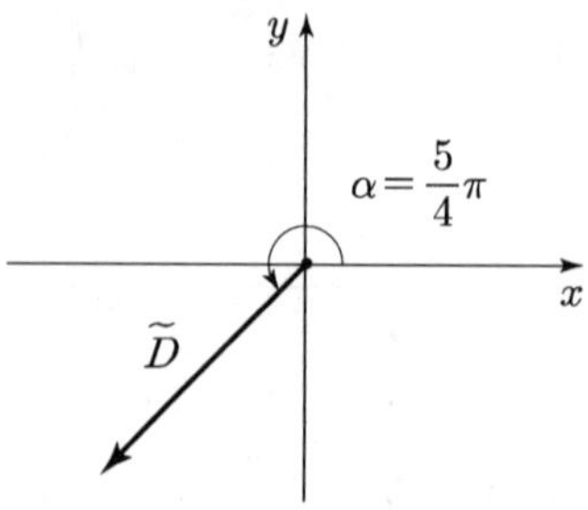

그림 3.3

복소지수함수

$z \neq 0$, c는 임의의 복소수일 때 z^c를 다음과 같이 정의한다.

$$z^c = e^{c \log z} = \exp(c \log z)$$

z^c는 여러 개의 값을 가지기 때문에 함수라 할 수 없다.

예를 들면, $z=re^{i\theta}$, $r>0$, $-\pi<\theta\leq\pi$일 때

$$\begin{aligned} z^{1/3} &= \exp\left(\frac{1}{3}\log(re^{i\theta})\right) \\ &= \exp\left(\frac{1}{3}(\log r+i(\theta+2n\pi))\right) \\ &= \exp\left(\frac{1}{3}\log r\right)\exp\left(i\left(\frac{\theta}{3}+\frac{2n\pi}{3}\right)\right) \\ &= \sqrt[3]{r}\exp\left(i\left(\frac{\theta}{3}+\frac{2n\pi}{3}\right)\right),\ n=0,\ \pm 1,\ \pm 2,\ \cdots \end{aligned}$$

하지만 z^c를 다음과 같이 정의하면 함수가 된다.

$$f(z)=z^c=\exp(c\ Log\ z)$$

위의 경우 $f(z)=z^{1/3}=\sqrt[3]{r}\exp\left(i\frac{\theta}{3}\right)=\sqrt[3]{r}\left(\cos\frac{\theta}{3}+i\sin\frac{\theta}{3}\right)$가 된다.

또한 다음 결과가 주어진다.

$$\frac{d}{dz}z^c=\frac{d}{dz}\exp(c\ Log\ z)=e^{c\ Log\ z}\frac{c}{z}=z^c\frac{c}{z}=cz^{c-1}$$

c가 복소수 상수이고 $c\neq 0$일 때 c^z는 다음과 같이 정의한다.

$$c^z=e^{z\log c}=\exp(z\log c)$$

예를 들면,

$$\begin{aligned} (-i)^{2i} &= \exp(2i\log(-i)) \\ &= \exp\left(2i\left(\log 1+i\left(-\frac{\pi}{2}+2n\pi\right)\right)\right) \end{aligned}$$

$$= \exp(\pi - 4n\pi)$$
$$= \exp((1-4n)\pi),\ n = 0,\ \pm 1,\ \pm 2,\ \cdots$$

삼각함수

x가 실수일 때 $e^{ix} = \cos x + i\sin x$, $e^{-ix} = \cos x - i\sin x$가 성립한다. 후자를 전자에서 빼고 또한 두 개를 더하면 $e^{ix} - e^{-ix} = 2i\sin x$, $e^{ix} + e^{-ix} = 2\cos x$가 되므로

$$\sin x = \frac{e^{ix} - e^{-ix}}{2i},\ \cos x = \frac{e^{ix} + e^{-ix}}{2}$$

로 나타난다.

복소삼각함수 역시 위와 유사하게 다음과 같이 정의한다.

$$\sin z = \frac{e^{iz} - e^{-iz}}{2i},\ \cos z = \frac{e^{iz} + e^{-iz}}{2},\ \tan z = \frac{\sin z}{\cos z},\ \cdots$$

삼각함수와 관련한 항등식은 다음과 같다.

$$\sin(z_1 + z_2) = \sin z_1 \cos z_2 + \cos z_1 \sin z_2$$
$$\cos(z_1 + z_2) = \cos z_1 \cos z_2 - \sin z_1 \sin z_2$$
$$\sin^2 z + \cos^2 z = 1$$
$$\sin 2z = 2\sin z \cos z$$
$$\cos 2z = \cos^2 z - \sin^2 z$$
$$\sin\left(z + \frac{\pi}{2}\right) = \cos z$$
$$\vdots$$

예를 들면,

$$\sin\left(z+\frac{\pi}{2}\right)=\frac{e^{i(z+\pi/2)}-e^{-i(z+\pi/2)}}{2i}$$
$$=\frac{e^{iz}e^{i\pi/2}-e^{-iz}e^{-i\pi/2}}{2i}$$
$$=\frac{e^{iz}i-e^{-iz}(-i)}{2i}$$
$$=\frac{e^{iz}+e^{-iz}}{2}$$
$$=\cos z$$

복소삼각함수에 대한 미분 역시 실삼각함수를 미분했을 때와 유사한 결과를 얻는다.

$$\frac{d}{dz}\sin z=\frac{d}{dz}\left(\frac{e^{iz}-e^{-iz}}{2i}\right)=\frac{1}{2i}(ie^{iz}+ie^{-iz})=\frac{e^{iz}+e^{-iz}}{2}=\cos z$$

유사하게 $\frac{d}{dz}\cos z=-\sin z$이다.

$\sin z$는 다음과 같이 나타낼 수 있다.

$z=x+iy$로 두면

$$\sin z=\frac{e^{iz}-e^{-iz}}{2i}$$
$$=\frac{e^{i(x+iy)}-e^{-i(x+iy)}}{2i}$$
$$=\frac{e^{-y}(\cos x+i\sin x)-e^{y}(\cos x-i\sin x)}{2i}$$
$$=\frac{e^{-y}(-i\cos x+\sin x)-e^{y}(-i\cos x-\sin x)}{2}$$
$$=\frac{e^{-y}+e^{y}}{2}\sin x+i\frac{e^{y}-e^{-y}}{2}\cos x$$
$$=\sin x\cosh y+i\cos x\sinh y$$

유사하게

$$\cos z = \cos x \cosh y - i \sin x \sinh y$$

를 얻는다.

> * 리콜(실쌍곡선함수의 정의와 성질) :
> y가 실수일 때 $\sinh y = \frac{e^y - e^{-y}}{2}$, $\cosh y = \frac{e^y + e^{-y}}{2}$로 정의되며 항등식 $\sinh^2 y + 1 = \cosh^2 y$가 성립한다.

이제 복소함수 $\sin z$는 실함수 $\sin x$와는 달리 유계가 아님을 보이도록 하자.

$$\begin{aligned} |\sin z| &= \sqrt{(\sin x \cosh y)^2 + (\cos x \sinh y)^2} \\ &= \sqrt{\sin^2 x \cosh^2 y + \cos^2 x \sinh^2 y} \\ &= \sqrt{\sin^2 x \cosh^2 y + (1 - \sin^2 x) \sinh^2 y} \\ &= \sqrt{\sin^2 x (\cosh^2 y - \sinh^2 y) + \sinh^2 y} \\ &= \sqrt{\sin^2 x + \sinh^2 y} \\ &\to \infty \end{aligned}$$

주목 $y \to \infty$, $\sinh y = \frac{e^y - e^{-y}}{2} \to \infty$

쌍곡선함수는 다음과 같이 정의한다.

$$\sinh z = \frac{e^z - e^{-z}}{2}, \quad \cosh z = \frac{e^z + e^{-z}}{2}, \quad \cdots$$

사인역함수는 어떻게 정의할 수 있는지 살펴보자.

먼저

$$w=\sin^{-1}z \Leftrightarrow z=\sin w$$

이고 $z=\sin w=\dfrac{e^{iw}-e^{-iw}}{2i}$로 나타낼 수 있다. $2i$를 양쪽에 곱하면 $2iz=e^{iw}-e^{-iw}$이 되고 정리하면 $(e^{iw})^2-2ize^{iw}-1=0$으로 주어진다. $p=e^{iw}$를 대입하면 다음과 같은 2차 방정식이 나온다.

$$p^2-2izp-1=0$$

위의 근은

$$\begin{aligned} p=e^{iw} &= \frac{-(-2iz)\pm\sqrt{(-2iz)^2-4(1)(-1)}}{2} \\ &= iz+\sqrt{1-z^2} \end{aligned}$$

로 주어진다. 양쪽에 자연로그를 취하면 $iw=\log(iz+\sqrt{1-z^2})$가 되고 정리하면 $w=-i\log(iz+\sqrt{1-z^2})$으로 주어진다. 따라서 사인역함수의 정의는 다음과 같다.

$$\sin^{-1}z=-i\log(iz+\sqrt{1-z^2})$$

예를 들면, $z=i$일 때

$$\sin^{-1}(i)=-i\log(ii+\sqrt{1-i^2})=-i\log(-1+\sqrt{2}).$$

사인역함수를 미분하면

$$\begin{aligned}\frac{d}{dz}(\sin^{-1}z) &= \frac{-i}{iz+(1-z^2)^{1/2}}\left(i+\frac{1}{2}(1-z^2)^{-1/2}(-2z)\right)\\ &= \frac{1}{(1-z^2)^{1/2}}\end{aligned}$$

을 얻는다.

3.2 사상

이 절에서는 z-평면에 있는 정의역(영역 D)은 기본함수 $f(z)$에 의해서 w-평면으로 어떻게 사상(mapping)이 되는지 살펴본다.

1. $w = f(z) = Az + B$, 여기서 A와 B는 복소상수이다.

$z = re^{i\theta}$, $A = ae^{i\alpha}$, $B = b_1 + ib_2$로 두자. 그러면

$$Az = (ae^{i\alpha})(re^{i\theta}) = are^{i(\alpha+\theta)}$$

가 된다. $a = |A| > 1$이면 z의 길이를 확대시키고 $a < 1$이면 축소시키는 것을 의미한다. $\alpha + \theta$는 z의 각을 α 만큼 더 회전시킨다. 한편 $Az + B$는 Az를 B만큼 이동시킨다고 볼 수 있다.

예제 3.2

z-평면에 꼭지점이 $0, 2, 2+i, i$로 구성된 직사각형은 함수 $f(z) = 2iz + (1+i)$에 의하여 w-평면에 꼭지점이 $1+i$, $1+5i$, $-1+5i$, $-1+i$로 구성되는 직사각형으로 사상됨을 보여라.

풀이 $a = |A| = |2i| = 2$, $\alpha = \frac{\pi}{2}$, $B = 1+i$이다. $2iz$에 의해서 $0, 2, 2+i, i$로 구성된 사각형의 길이는 두 배로 늘어나며 이 사각형은 반시계방향으로 90도 회전한다. 대응되는 4개의 꼭지점들은 차례대로 0, $4i$, $-2+4i$, -2이다. $1+i$는 이런 점들을 우측과 위쪽으로 한 단위씩 이동시킨다(그림 3.4 참조). ■

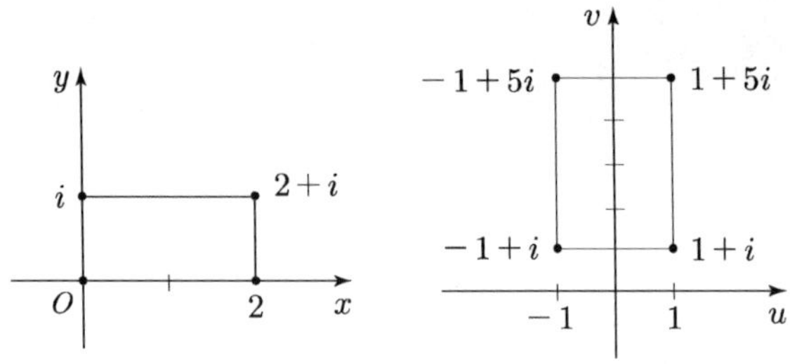

그림 3.4

2. $w = f(z) = \dfrac{1}{z}$

$z\overline{z} = |z|^2$에 의해서 $w = \dfrac{\overline{z}}{|z|^2}$로 나타낼 수 있다. $\dfrac{1}{|z|^2}$은 z의 길이의 역수의 제곱을 의미한다. $|z| < 1$의 값을 갖는 z는 원점으로부터 멀어지며, $|z| = 1$인 z는 길이가 변하지 않는 1인 위치에, $|z| > 1$인 z는 원점에 가까워지는 점이 된다. $\overline{z}$는 실수축을 중심으로 대칭을 의미한다.

예를 들어 중심점이 원점이고 반지름이 1인 원에 대한 사상 $f(z) = \dfrac{1}{z}$을 살펴보자. $f(1) = 1$, $f(-1) = -1$, $f(i) = -i$, $f(-i) = i$가 된다. 더불어 원 위의 모든 점들에 대하여 $|z| = 1$이기 때문에 중심점이 원점이고 반지름이 1인 원으로 사상된다. z-평면의 원의 내부점들은 $|z| < 1$을 만족하기 때문에 w-평면의 원의 외부점들로 사상되며(예, $f(0.5) = 2$), z-평면의 원의 외부점들은 w-평면의 원의 내부점들로 그림 3.5와 같이 사상된다(예, $f(2i) = -\dfrac{1}{2}i$).

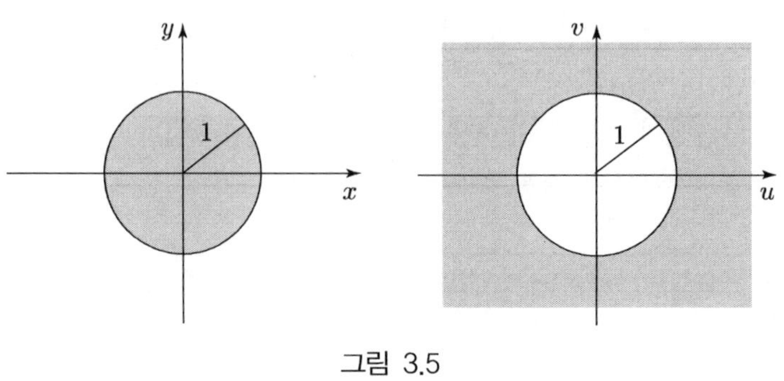

그림 3.5

예제 3.3

$w=f(z)=\dfrac{1}{z}$이고 영역 D는 그림 3.6과 같이 중심점이 $\dfrac{1}{2}$이고 반지름이 $\dfrac{1}{2}$인 원판 $\left\{z \mid \left|z-\dfrac{1}{2}\right| \leq \dfrac{1}{2}\right\}$일 때

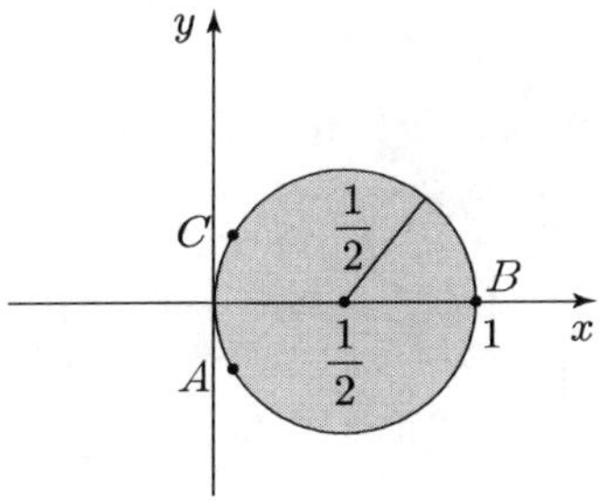

그림 3.6

f에 의한 D의 상 Γ는 그림 3.7과 같다.

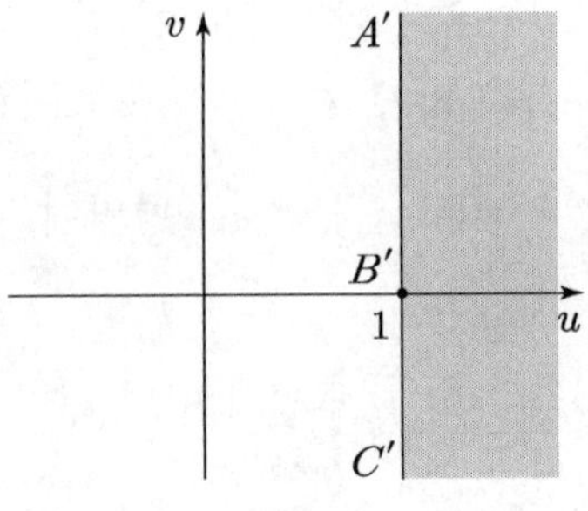

그림 3.7

풀이 ① z-평면의 원 $\left|z-\dfrac{1}{2}\right|=\dfrac{1}{2}$은 w-평면의 수직선 $u=1$로 사상됨을 보인다. 원 $\left|z-\dfrac{1}{2}\right|=\dfrac{1}{2}$ 위의 점 z는 $z=\dfrac{1}{2}+\dfrac{1}{2}e^{i\theta}$, $-\pi<\theta\leq\pi$로 나타낼 수 있다. 따라서

$$w=\frac{1}{z}=\frac{1}{\dfrac{1}{2}+\dfrac{1}{2}e^{i\theta}}=\frac{2}{1+\cos\theta+i\sin\theta}$$

$$= \frac{2}{1+\cos\theta+i\sin\theta}\frac{(1+\cos\theta-i\sin\theta)}{(1+\cos\theta-i\sin\theta)}$$

$$= \frac{2(1+\sin\theta)+i(-2\sin\theta)}{2(1+\cos\theta)}$$

$$= 1+i\left(\frac{-\sin\theta}{1+\cos\theta}\right)$$

z-평면의 점 B의 각은 $\theta=0$이고 $w=1+i0=1$이기 때문에 B는 w-평면의 점 $B'=1$로 사상된다.

점 A는 원점에 가까우며 약간 아래쪽에 위치하기 때문에 A의 각은 $-\pi$에 가깝다. 이 경우

$$\lim_{\theta\to-\pi^+}\frac{-\sin\theta}{1+\cos\theta} = \lim_{\theta\to-\pi^+}\frac{-\cos\theta}{-\sin\theta} = +\infty$$

이므로 A는 $A'\approx 1+i\infty$로 사상된다.

점 C는 원점에 가까우며 약간 위쪽에 위치하기 때문에 C의 각은 $+\pi$에 가깝다. 위와 유사하게 C는 $C'\approx 1+i(-\infty)$로 사상된다.

② 원 $\left|z-\frac{1}{2}\right|=\frac{1}{2}$의 내부점들은 w-평면에 반평면 $u>1$로 사상됨을 보인다.

z가 원 $\left|z-\frac{1}{2}\right|=\frac{1}{2}$의 내부점이면

$$z=\frac{1}{2}+re^{i\theta},\quad 0\le r<\frac{1}{2},\quad -\pi<\theta\le\pi$$

로 나타낼 수 있다. 따라서

$$w=\frac{1}{z}=\frac{1}{\frac{1}{2}+re^{i\theta}}=\frac{1}{\frac{1}{2}+r(\cos\theta+i\sin\theta)}\frac{\left(\frac{1}{2}+r\cos\theta-ir\sin\theta\right)}{\left(\frac{1}{2}+r\cos\theta-ir\sin\theta\right)}$$

$$= \frac{\frac{1}{2} + r\cos\theta}{\frac{1}{4} + r\cos\theta + r^2} + i(\cdot)$$

가 된다. 또한 $\frac{1}{4} + r\cos\theta + r^2 = \left(\frac{1}{2} + r\cos\theta\right) + \left(r^2 - \frac{1}{4}\right)$로 나타낼 수 있다. 이제 $0 \leq r < \frac{1}{2}$이기 때문에

$$\frac{1}{2} + r\cos\theta > 0 \text{와 } r^2 - \frac{1}{4} < 0$$

가 되고, 그러므로 $\frac{1}{4} + r\cos\theta + r^2 < \frac{1}{2} + r\cos\theta$가 된다. 즉

$$\frac{\frac{1}{2} + r\cos\theta}{\frac{1}{4} + r\cos\theta + r^2} > 1$$

을 만족한다. 이는 원의 내부점들은 w-평면에 반평면 $u > 1$로 사상됨을 의미한다. ■

3. $w = f(z) = z^2$

$z = re^{i\theta}$, $w = \rho e^{i\phi}$ 로 두면 $\rho e^{i\phi} = r^2 e^{i2\theta}$가 되어 $\rho = r^2$, $\phi = 2\theta$, 즉 $|w| = |z|^2$, $\arg w = 2\arg z$가 성립한다.

예를 들어 중심점이 원점이고 점 2에 시작하여 -2에서 끝나는 반지름이 2인 반원에 대한 사상 $f(z) = z^2$을 살펴보자(그림 3.8 참조).

$f(0) = 0$, $f(2) = 4$, $f(2i) = -4$, $f(-2) = 4$가 된다. 점 $z = 2i$는 90도인데 $w = -4$는 이의 두 배인 180도가 되고 -2는 180도인데 4는 360도이다. 내부점 $z = i$는 내부점 $w = -1$로 사상되어 결국 z-평면에서의 반원은 w-평면에서의 원으로 사상됨을 알 수 있다.

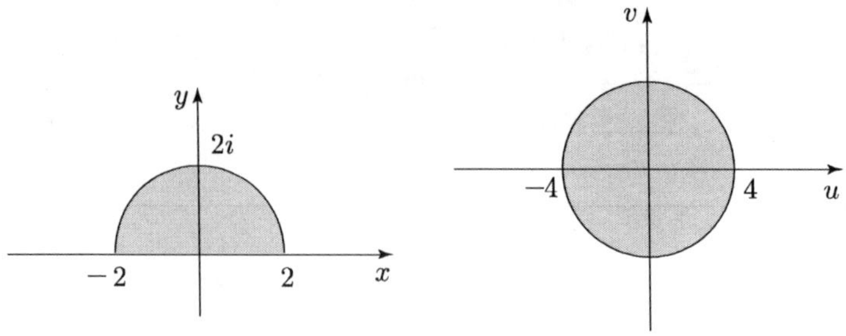

그림 3.8

4. $w = f(z) = e^z$

$w = \rho e^{i\phi}$, $f(z) = e^{x+iy} = e^x e^{iy}$로 두면

$$\rho = e^x,\ \phi = y + 2k\pi,\ k = 0,\ 1,\ 2,\ \cdots$$

가 된다.

예를 들어 z-평면에 4개의 점 1, 2, $2+i$, $1+i$로 이루어지는 정사각형에 대한 사상 $f(z) = e^z$을 살펴보자. $f(1) = e$, $f(2) = e^2$, $f(2+i) = e^2 e^i$, $f(1+i) = ee^i$가 된다. 또한 $f(1.5+0.5i) = e^{1.5}e^{0.5i}$이다. 따라서 z-평면의 정사각형은 다음과 같이 잘린 부채꼴 모양으로 사상되고 정사각형의 내부점은 내부점으로 사상된다. 다만 $w = 0$으로 사상되는 점 z는 존재하지 않는다(그림 3.9 참조).

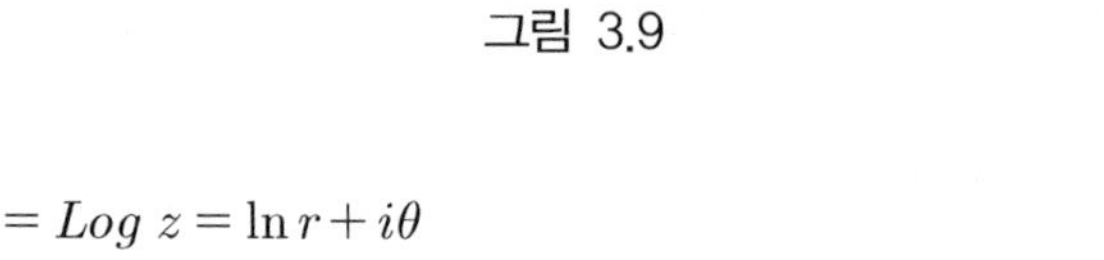

그림 3.9

5. $w = f(z) = Log\ z = \ln r + i\theta$

여기서 $r > 0$, $-\pi < \theta < \pi$이다.

예를 들어, $\alpha = -\pi$ 분기선을 제외한 z-평면의 모든 점들은 이 로그함수에 의

해서 어떻게 사상되는지 살펴보자. $w=u+iv$로 두면 $u=\ln r,\ v=\theta$가 된다. 원 $|z|=1$을 만족하는 모든 점 z에 대하여 $u=0$이고 $v=\theta,\ -\pi<\theta<\pi$이다. 따라서 z-평면에 원 $|z|=1$은 w-평면에 수직 선분 $u=0$로 사상된다. 원 $|z|=2$은

$$u=\ln 2,\ v=\theta,\ -\pi<\theta<\pi$$

을 만족하는 수직 선분으로, 원 $|z|=\frac{1}{2}$은

$$u=\ln 0.5=-0.693,\ v=\theta,\ -\pi<\theta<\pi$$

을 만족하는 수직 선분으로 사상된다. 따라서 분기선을 제외한 z-평면의 모든 점들은 w-평면에 무한 수평 띠로 다음 그림 3.10과 같이 사상된다.

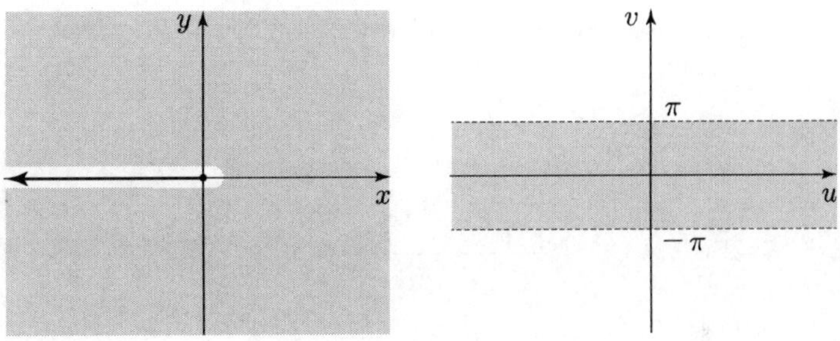

그림 3.10

6. $w=f(z)=\sin z$

$\sin z$는 다음과 같이 나타낼 수 있다.

$$\sin z=\sin x\cosh y+i\cos x\sinh y=u+iv$$

여기서 $\sinh y=\dfrac{e^y-e^{-y}}{2}$, $\cosh y=\dfrac{e^y+e^{-y}}{2}$, $\cosh^2 y-\sinh^2 y=1$을 만족한다.

예를 들어, z-평면의 반 무한 띠 $0\le x\le\frac{\pi}{2},\ y\ge 0$는 함수 $\sin z$에 의해서 어떻게 사상되는지 살펴보자.

선분 CD에 있는 점들은 $(0,\ y)$의 형태를 갖는다.

이 경우 $\sin z = i\sinh y = i\dfrac{e^y - e^{-y}}{2}$이고 $y=0$에서부터 $y\to\infty$이면 함수의 값은 원점에서부터 시작하여 y-축을 따라 무한대로 증가한다.

선분 CB에 있는 점들은 $(x,\ 0)$의 형태를 갖는다.

이 경우 $\sin z = \sin x$이고 $0 \le x \le \dfrac{\pi}{2}$에 대한 함수의 값은 $0 \le u \le 1$이다. 따라서 선분 CB는 선분 $C'B'$로 사상된다.

선분 BA에 있는 점들은 $\left(\dfrac{\pi}{2},\ y\right)$의 형태를 갖는다.

이 경우 $\sin z = \cosh y = \dfrac{e^y + e^{-y}}{2}$이고 $y=0$에서부터 $y\to\infty$이면 함수의 값은 1에서부터 시작하여 x-축을 따라 무한대로 증가한다.

띠의 내부에 대해서 선분 $x=c,\ 0<c<\dfrac{\pi}{2},\ y\ge 0$의 경우를 살펴보자. 다음 식들

$$u=\sin x\cosh y,\ \ v=\cos x\sinh y,\ \ \cosh^2 y-\sinh^2 y=1$$

을 이용하면

$$\frac{u^2}{\sin^2 c}-\frac{v^2}{\cos^2 c}=1$$

임을 보일 수 있다. 특히 $x=\dfrac{\pi}{4}$인 경우 꼭지점이 $\left(\dfrac{\sqrt{2}}{2},\ 0\right)$인 쌍곡선이 된다. 그러므로 띠의 내부는 w-평면의 제1사분면의 내부로 사상되고 z-평면의 반 무한 띠는 그림 3.11과 같이 제1사분면($u\ge 0,\ v\ge 0$)으로 사상된다.

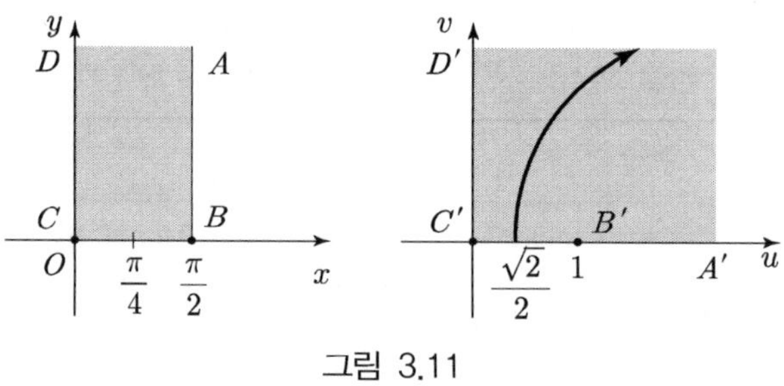

그림 3.11

연습문제 3

1. (1) $e^z = -i$을 만족하는 z를 구하여라.

   (2) $e^z = 0$을 만족하는 z가 존재하지 않음을 보여라.

2. $Log\, z = \log r + i\, Arg\, z$의 정의역은 $R = \{(r, \theta) : r > 0, -\pi < \theta < \pi\}$이다.

   (1) 이 영역에서 $Log\, z$는 해석적임을 극형식을 이용하여 보여라.

   (**주목** : $Arg\, z$를 변수 Θ로 나타내면 미분하는데 편리함)

   (2) $\dfrac{d}{dz} Log\, z = \dfrac{1}{z}$임을 보여라.

3. $Log(z_1 z_2) = Log\, z_1 + Log\, z_2$는 항상 만족하지 않는다.

   (1) 반례를 들어 보아라.

   (2) $Re\, z_1 > 0,\ Re\, z_2 > 0$일 때 위의 등식이 만족함을 증명하여라.

4. 다음을 계산(정리)하여라.

   (1) i^i　　　　(2) $i^{(-i)}$

   (3) $(-i)^{(-i)}$

5. $\sinh^2 y + 1 = \cosh^2 y$가 성립함을 보여라.

6. $\cos z$는 유계가 아님을 보여라.

7. $\sin z = 0$을 만족하는 z를 모두 구하여라.

   힌트 : $\sin z = 0 \Leftrightarrow |\sin z|^2 = 0 \Leftrightarrow \sin^2 x + \sinh^2 y = 0$

8. (1) $\log i^2$와 $2 \log i$는 서로 다름을 보여라.

(2) $\frac{1}{2}\log i$와 $\log i^{1/2}$는 같음을 보여라.

9. z-평면에 꼭지점이 0, 2, $2+i$, i로 구성된 직사각형은 함수 $f(z)=(1+i)z-i$에 의하여 어떻게 사상되는가?

10. z-평면에 중심점이 원점이고 반지름이 2인 원과 이 원의 내부는 함수 $f(z)=\frac{1}{z}$에 의하여 어떻게 사상되는가?

11. z-평면에 중심점이 원점이고 점 3에 시작하여 $3i$에서 끝나는 반지름이 3인 부채꼴과 이 부채꼴의 내부는 함수 $f(z)=z^2$에 의하여 어떻게 사상되는가?

12. z-평면에 4개의 점 0, 1, $1+i$, i로 이루어지는 정사각형은 함수 $f(z)=e^z$에 의하여 어떻게 사상되는가?

13. z-평면의 점 $(2, 0)$에서 $(2, 2\pi)$까지의 수직선분은 함수 $f(z)=e^z$에 의하여 어떻게 사상되는가?

14. z-평면의 반평면$(x>0)$은 함수 $f(z)=Log\, z=\ln r+i\theta$, $r>0$, $-\pi<\theta<\pi$에 의하여 어떻게 사상되는가?

15. z-평면의 반 무한 띠 $-\frac{\pi}{2}\le x\le\frac{\pi}{2}$, $y\ge 0$는 함수 $\sin z$에 의해서 어떻게 사상되는가?

제4장

적 분

곡선 위에 정의된 복소함수에 대한 선적분을 정의한다. 선적분을 계산하기 위하여 곡선을 매개변수표현으로 나타내거나 원시함수 등을 활용하는 방법을 다룬다. 특별한 조건을 갖는 함수와 특별한 형태를 갖는 곡선의 경우 선적분을 용이하게 하는 코시-구르사 정리와 코시적분 공식을 소개하고 이들의 활용을 다룬다.

4.1 선적분

리만 적분 $\int_a^b f(x)dx$의 피함수 $f(x)$는 실수축의 폐구간 $[a,\ b]$ 위에 정의된 함수이다. 반면에 선적분(line integral) $\int_C f(z)dz$의 피함수 $f(z)$는 복소평면에 주어진 단순경로(simple contour) C(그림 4.1 참조) 위에 정의된 함수이다.

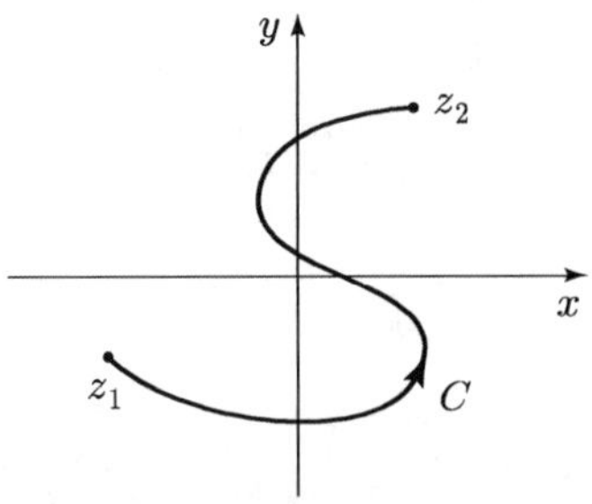

그림 4.1

단순경로란 그림 4.1과 같이 교차점이 없는 곡선을 의미한다. 반면에 아래의 곡선은 단순경로라 할 수 없다.

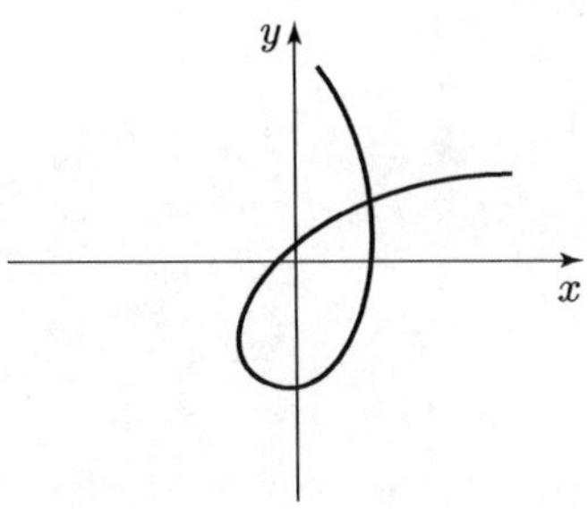

그림 4.2

단순경로 C는 다음과 같이 매개변수표현으로 나타낼 수 있다.

$$C: z(t), \quad a \le t \le b$$

여기서 $z_1 = z(a)$는 경로의 시작점이고 $z_2 = z(b)$는 끝점이다.

이제 선적분은 아래와 같이 정의한다.

$$\int_C f(z)dz = \int_a^b f(z(t))z'(t)dt$$

하지만 $f(z(t))z'(t)$를 정리하면

$$f(z(t))z'(t) = w(t) = u(t) + iv(t)$$

로 나타낼 수 있고, 따라서 선적분은 다음과 같이 계산한다.

$$\int_C f(z)dz = \int_a^b u(t)dt + i\int_a^b v(t)dt$$

적분 $\int_C f(z)dz$가 존재하기 위해서는 $u(t)$, $v(t)$가 폐구간 $[a, b]$에서 유한개의 점들에서만 불연속이고 이런 불연속점들에서는 $u(t)$, $v(t)$의 좌극한, 우극한의 값들이 모두 유한이어야 한다.

예를 들어, $f(z) = z + i$일 때 그림 4.3에 있는 경로 C에 대하여 선적분 $\int_C f(z)dz$를 계산해보자.

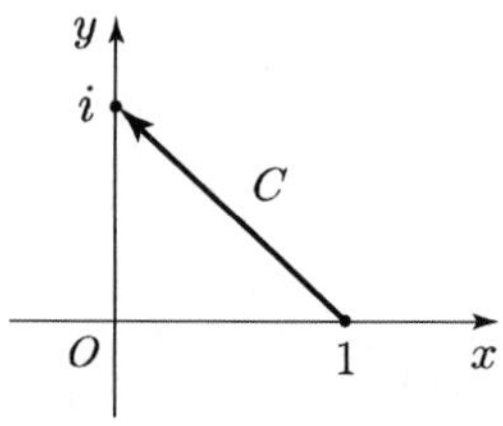

그림 4.3

C를 매개변수표현으로 나타내면 $z(t)=(1-t)+ti,\ 0 \le t \le 1$로 주어진다. 여기서 $z_1=z(0)=1$, $z_2=z(1)=i$이다. $z'(t)=-1+i$이기 때문에

$$\begin{aligned} f(z(t))z'(t) &= (((1-t)+ti)+i)(-1+i) \\ &= -1+t-ti-i+i-ti-t-1 \\ &= -2-2ti \end{aligned}$$

이다. $u(t)=-2,\ v(t)=-2t$이므로

$$\begin{aligned} \int_C f(z)dz = \int_C (z+i)dz &= \int_0^1 -2dt + i\int_0^1 -2tdt \\ &= -2-i \end{aligned}$$

가 된다.

만약 위의 문제에서 C의 방향이 반대로 주어지면($-C$) 이의 매개변수표현은 $z(t)=t+(1-t)i,\ 0 \le t \le 1,\ z_1=z(0)=i,\ z_2=z(1)=1$이다. 따라서

$$\begin{aligned} z'(t) &= 1-i, \\ f(z(t))z'(t) &= ((t+(1-t)i)+i)(1-i) \\ &= 2+(2-2t)i \end{aligned}$$

이고

$$\begin{aligned} \int_C (z+i)dz &= \int_0^1 2dt + i\int_0^1 (2-2t)dt \\ &= 2+i \end{aligned}$$

이다. 즉, $\int_{-C} f(z)dz = -\int_C f(z)dz$를 의미한다.

다음은 선적분의 성질들을 요약하였다.

선적분의 성질

1. $\int_C z_0 f(z)dz = z_0 \int_C f(z)dz$, z_0는 복소수 상수
2. $\int_C (f(z)+g(z))dz = \int_C f(z)dz + \int_C g(z)dz$
3. $\int_{-C} f(z)dz = -\int_C f(z)dz$
4. $C = C_1 \cup C_2 \cup \cdots \cup C_n$일 때

$$\int_C f(z)dz = \int_{C_1} f(z)dz + \int_{C_2} f(z)dz + \cdots + \int_{C_n} f(z)dz$$

아래의 예제는 단순경로가 여러 개 이어져 있는 경우에 대한 적분을 다룬다. 이 경우 각 단순경로에 대한 매개변수표현이 필요하다.

예제 4.1

$f(z) = z + i$이고 경로 $C = C_1 \cup C_2$는 그림 4.4와 같이 주어졌을 때 $\int_C f(z)dz$를 구하여라.

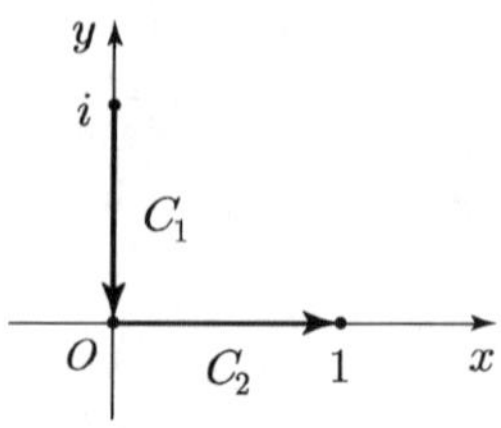

그림 4.4

풀이 C_1과 C_2를 매개변수표현으로 나타내면

$$C_1 : z_1(t) = (1-t)i,\ 0 \le t \le 1,\ z'(t) = -i$$
$$C_2 : z_2(t) = t-1,\ 1 \le t \le 2,\qquad z'(t) = 1$$

로 주어진다.

따라서

$$\begin{aligned}\int_C f(z)dz &= \int_{C_1} f(z)dz + \int_{C_2} f(z)dz \\ &= \int_0^1 ((1-t)i+i)(-i)dt + \int_1^2 ((t-1)+i)1dt \\ &= 2+i\end{aligned}$$

이다. ■

$f(z)=\dfrac{1}{z}$이고 경로 $C=C_1 \cup C_2$는 그림 4.5와 같이 직선이 아닌 경우 $\int_C f(z)dz$의 값을 구해보자.

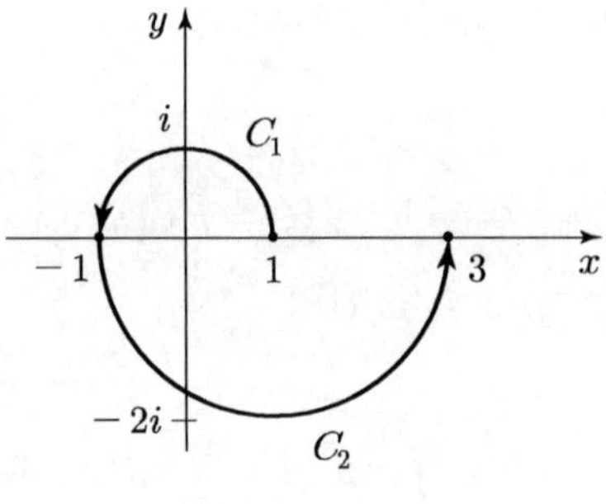

그림 4.5

C_1과 C_2를 매개변수표현으로 나타내면

$$\begin{aligned}&C_1 : z_1(\theta)=e^{i\theta},\ 0 \le \theta \le \pi, \quad z_1{}'(\theta)=ie^{i\theta} \\ &C_2 : z_2(\theta)=1+2e^{i\theta},\ \pi \le \theta \le 2\pi,\ z_2{}'(\theta)=2ie^{i\theta}\end{aligned}$$

로 주어진다.

따라서

$$\begin{aligned}\int_C f(z)dz &= \int_{C_1}\frac{1}{z}dz+\int_{C_2}\frac{1}{z}dz \\ &= \int_0^{\pi} f(z_1(\theta))z_1{}'(\theta)d\theta+\int_{\pi}^{2\pi} f(z_2(\theta))z_2{}'(\theta)d\theta \\ &= \int_0^{\pi}\frac{1}{e^{i\theta}}ie^{i\theta}d\theta+\int_{\pi}^{2\pi}\frac{1}{1+2e^{i\theta}}2ie^{i\theta}d\theta \\ &= \pi i+\ln 3-\pi i \\ &= \ln 3\end{aligned}$$

의 값을 갖는다.

예제 4.2 (기출 1993)

복소평면에서 $z=0$으로부터 $z=1+i$에 이르는 선분을 C라 하자. $f(z)=y-x-i3x^2$일 때 $\int_C f(z)dz$의 값을 구하여라.

풀이 경로 C에 대한 매개변수표현은 $z(t)=t+it,\ 0\le t\le 1,\ z'(t)=1+i$로 주어진다. 이 경우 $x=y=t$가 되어

$$\begin{aligned}\int_C f(z)dz &= \int_0^1 (t-t-i3t^2)(1+i)dt \\ &= \int_0^1 3t^2dt-i\int_0^1 3t^2dt \\ &= 1-i\end{aligned}$$

이다. ■

단순닫힌경로(simple closed contour)란 원이나 사각형과 같이 단순경로의 시

작점과 끝점이 같은[$z(a)=z(b)$] 폐곡선을 의미한다. 이를 단순폐곡선이라 부르기도 한다.

예를 들어 $f(z)=\dfrac{1}{z}$가 아래의 그림 4.6과 같이 단순닫힌경로 $C: |z|=2$ 위에 정의된 함수일 때

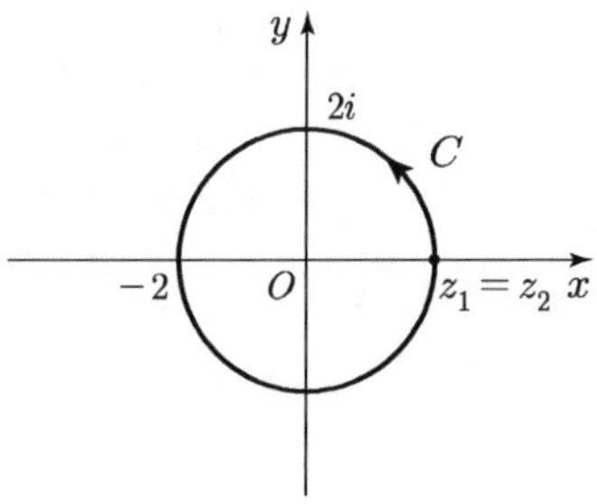

그림 4.6

$\int_C f(z)dz$의 값은 경로 C의 매개변수표현을 다음과 같이 나타냄으로써 구할 수 있다.

$$z=z(\theta)=2e^{i\theta},\ 0\le\theta\le 2\pi$$
$$z_1=z(0),\ z_2=z(2\pi)$$
$$dz=2ie^{i\theta}d\theta$$

이 경우 $\int_C f(z)dz=\int_C \frac{1}{z}dz=\int_0^{2\pi}\frac{1}{2e^{i\theta}}2ie^{i\theta}d\theta=i\int_0^{2\pi}d\theta=2\pi i$로 주어진다.

예제 4.3 (기출 2001)

n이 임의의 정수일 때, 복소적분 $\int_{|z|=1} z^n dz$의 값을 구하여라.

풀이 경로 C는 그림 4.7과 같이 반지름이 1이고 반시계방향으로 진행하는 원이다.

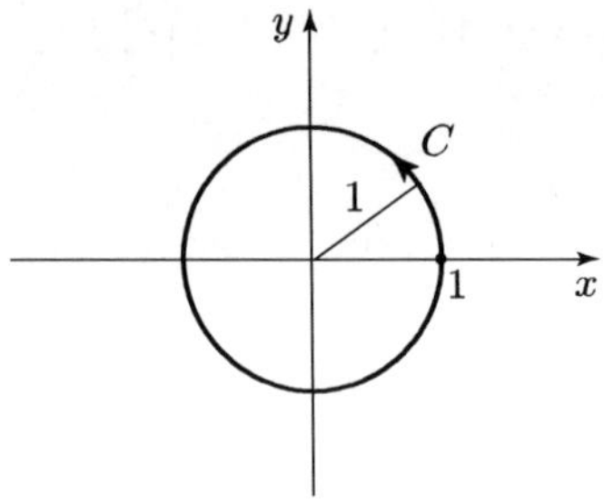

그림 4.7

이를 매개변수표현으로 나타내면 다음과 같다.

$$z(\theta) = e^{i\theta},\ 0 \le \theta \le 2\pi$$
$$z'(\theta) = ie^{i\theta},\ dz = ie^{i\theta}d\theta$$

경우 1 : $n \neq -1$

$$\begin{aligned}\int_{|z|=1} z^n dz &= \int_0^{2\pi} (e^{i\theta})^n ie^{i\theta} d\theta \\ &= i\int_0^{2\pi} e^{(n+1)\theta i} d\theta \\ &= \frac{1}{n+1}(e^{(n+1)2\pi i} - 1) \\ &= \frac{1}{n+1}(\cos((n+1)2\pi) + i\sin((n+1)2\pi) - 1) \\ &= 0\end{aligned}$$

경우 2 : $n = -1$

$$\int_{|z|=1} z^{-1} dz = \int_0^{2\pi} \frac{1}{e^{i\theta}} ie^{i\theta} d\theta = \int_0^{2\pi} i d\theta = 2\pi i.$$ ▩

예제 4.4

복소평면 위의 타원 $\dfrac{x^2}{2^2}+\dfrac{(y+1)^2}{3^2}=1$을 반시계방향으로 진행하는 경로를 따라 복소함수 $f(z)=x$를 선적분하여라.

풀이 $\dfrac{x^2}{2^2}+\dfrac{(y+1)^2}{3^2}=1$을 $\left(\dfrac{x}{2}\right)^2+\left(\dfrac{y+1}{3}\right)^2=1$로 나타내고 $\dfrac{x}{2}=\cos\theta$, $\dfrac{y+1}{3}=\sin\theta$로 두면 경로 C의 매개변수표현은 다음과 같다.

$$x=2\cos\theta,\ y=3\sin\theta-1,\ 0\le\theta\le 2\pi$$

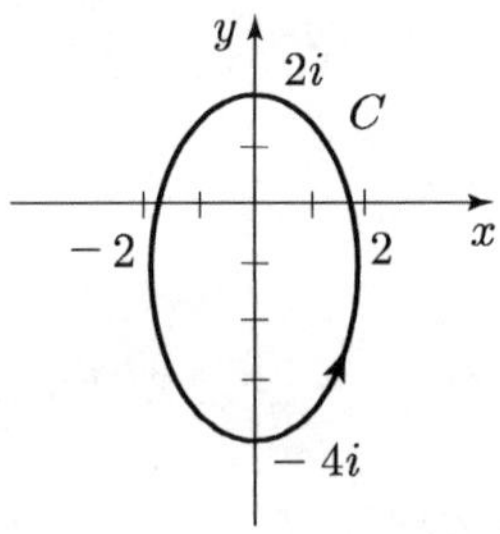

그림 4.8

따라서 $z(\theta)=x+iy=2\cos\theta+i(3\sin\theta-1)$, $z'(\theta)=-2\sin\theta+i3\cos\theta$가 되며

$$\begin{aligned}\int_C f(z)dz&=\int_C x dz\\&=\int_0^{2\pi}2\cos\theta(-2\sin\theta+i3\cos\theta)d\theta\\&=\int_0^{2\pi}-4\cos\theta\sin\theta d\theta+i\int_0^{2\pi}6\cos^2\theta d\theta\\&=0+i6\pi\\&=6\pi i\end{aligned}$$

이다. ■

4.2 역도함수

그림 4.9와 같이 $z_1 = z(a)$, $z_2 = z(b)$를 경로 $C\,(z(t),\ a \le t \le b)$의 시작점과 끝점이라 하자.

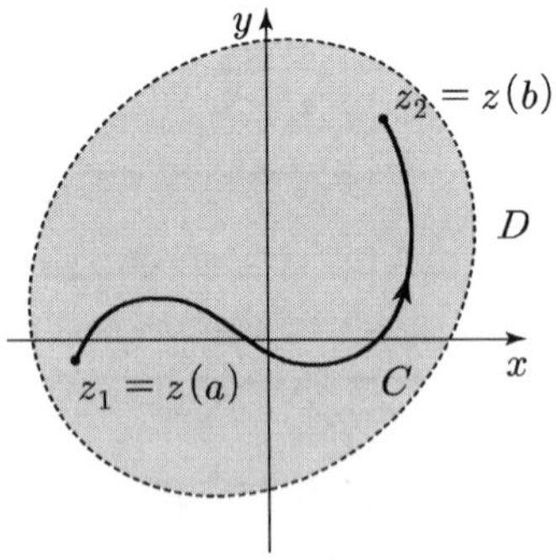

그림 4.9

C를 포함하는 어떤 영역 D 상에서 $f(z)$는 연속이고 $F'(z) = f(z)$을 만족하는 $F(z)$가 존재한다고 가정하자. 이 경우 $F(z)$를 $f(z)$의 **역도함수** 또는 **원시함수**라 부른다. 그러면

$$\frac{d}{dz}F(z(t)) = F'(z(t))z'(t)dt$$

$$\begin{aligned}\int_C f(z)dz &= \int_a^b f(z(t))z'(t)dt \\ &= \int_a^b \frac{d}{dz}F(z(t))dt \\ &= F(z(t))|_a^b \\ &= F(z_2) - F(z_1)\end{aligned}$$

가 성립한다. 즉, $f(z)$의 원시함수 $F(z)$가 존재하면 선적분값 $\int_C f(z)dz$는 두 끝점 z_1, z_2에 달려 있으며 경로 C로부터 독립이라 할 수 있다.

예제 4.1에 주어진 함수 $f(z) = z + i$와 경로 $C = C_1 \cup C_2$에 대하여 역도함수 개념을 적용해보자. $z_1 = i$, $z_2 = 1$이 되며 $F(z) = \frac{z^2}{2} + iz$이면 $F'(z) = z + i = f(z)$를 만족한다. 따라서

$$
\begin{aligned}
\int_C (z+i)dz &= F(1) - F(i) = \left(\frac{1}{2} + i\right) - \left(\left(\frac{-1}{2}\right) - 1\right) \\
&= 2 + i
\end{aligned}
$$

을 얻는다.

경로 C가 그림 4.10과 같이 주어지더라도 똑같은 적분값 $\int_C (z+i)dz = 2 + i$가 주어진다.

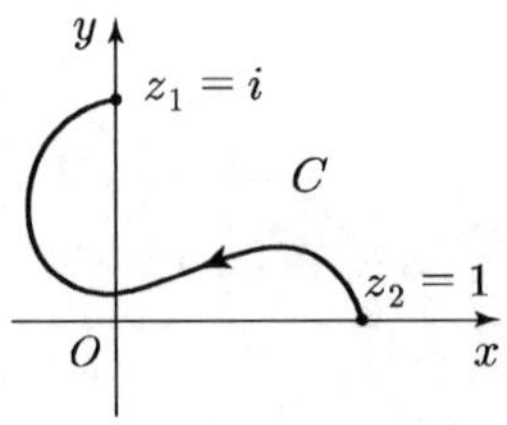

그림 4.10

예제 4.5

$f(z) = e^{\pi z}$일 때 다음 각각의 경로 C에 대하여 $\int_C f(z)dz$를 구하여라.

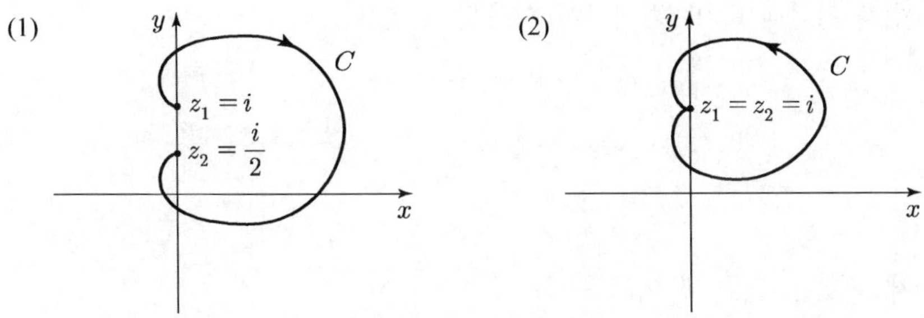

그림 4.11

풀이 두 경우 모두 $F(z)=\frac{1}{\pi}e^{\pi z}$이면 $F'(z)=e^{\pi z}=f(z)$를 만족한다.

(1) $z_1=i,\ z_2=i/2$이다.

따라서 $\int_{C_1} e^{\pi z}dz=\frac{1}{\pi}e^{\pi z}|_i^{i/2}=\frac{1}{\pi}(e^{\pi(i/2)}-e^{\pi i})=\frac{1}{\pi}(1+i).$

(2) $z_1=z_2=i$이다.

따라서 $\int_{C_2} e^{\pi z}dz=\frac{1}{\pi}(e^{\pi i}-e^{\pi i})=0.$ ■

$f(z)=\frac{1}{z}$이고 경로 C가 그림 4.12와 같이 주어지는 경우 $f(z)$의 원시함수 $F(z)=Log\,z=Log\,r+i\theta,\ -\pi<\theta<\pi$는 주분지에서 미분불가능하다.

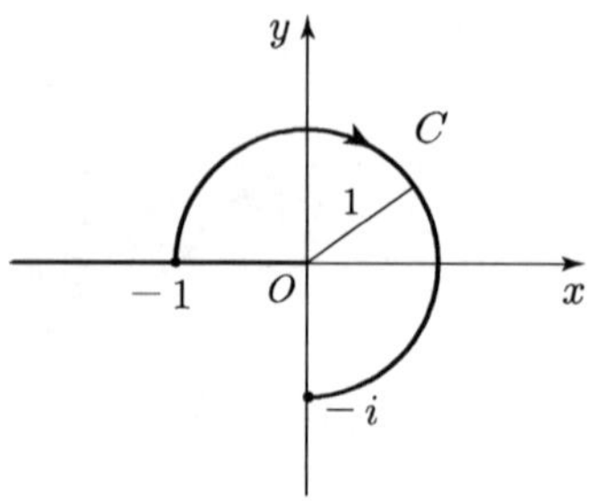

그림 4.12

따라서 주값을 갖는 f의 원시함수는 선적분을 구하는데 사용할 수가 없다. 이런 경우에는 주분지가 아닌 α-분지(예, $\alpha=-\frac{3\pi}{4}$)를 활용하고(그림 4.13 참조), 원시함수를 다음과 같이 정의하여 사용할 수 있다.

$$F_\alpha(z)=Log\,z=Log\,r+i\theta,\ -\frac{3\pi}{4}<\theta<\frac{5\pi}{4}$$

이제 $F_\alpha'(z)$ 또한 $\frac{1}{z}$이므로

$$\begin{aligned}\int_C \frac{1}{z}dz &= F_\alpha(-i) - F_\alpha(-1) \\ &= \left(Log\, 1 + i\left(-\frac{\pi}{2}\right)\right) - (Log\, 1 + i\pi) \\ &= -\frac{3\pi}{2}i\end{aligned}$$

가 된다.

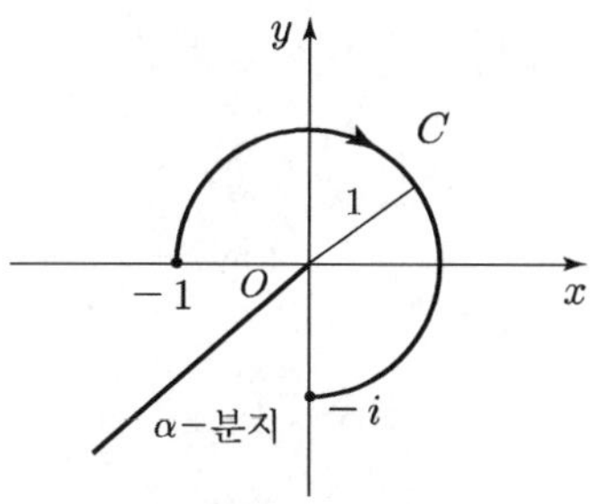

그림 4.13

주목 C를 다음과 같이 매개변수표현으로 나타낸다면

$$z = e^{i\theta}, \quad \pi \le \theta \le -\frac{\pi}{2}$$

f의 원시함수의 미분불가능성과 전혀 상관없이 함수 $f(z) = \frac{1}{z}$에 대한 적분을 아래와 같이 구할 수 있다.

$$\int_C \frac{1}{z}dz = \int_\pi^{-\pi/2} \frac{1}{e^{i\theta}} ie^{i\theta} d\theta = i\theta|_\pi^{-\pi/2} = -\frac{3\pi}{2}i$$

예제 4.6

$f(z) = z^i$일 때 다음 경로 C에 대하여 $\int_C f(z)dz$를 구하여라.

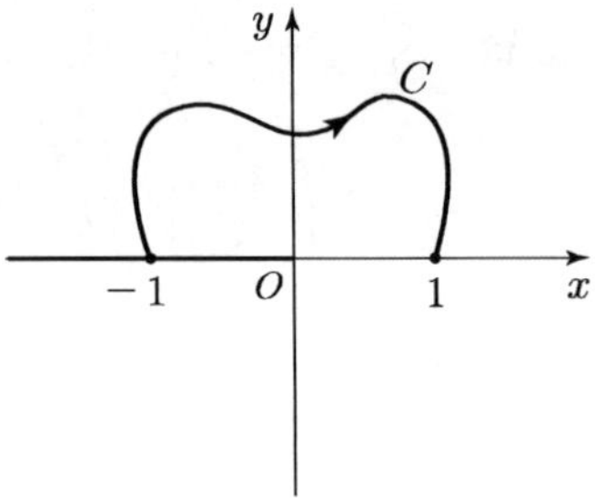

그림 4.14

풀이 $F(z)=\dfrac{1}{i+1}z^{i+1}$로 두면 $F'(z)=z^i=f(z)$가 된다.

$$z^i=\exp(i\,Log\,z),\quad Log\,z=\log r+i\,Arg\,z,\quad -\pi<Arg\,z<\pi$$

이므로 f는 $z=-1$에서 연속이 아니다. 따라서 다음 분지를 고려한다.

$$Log\,z=\log r+i\,Arg\,z,\quad -\frac{\pi}{2}<Arg\,z<\frac{3\pi}{2}$$

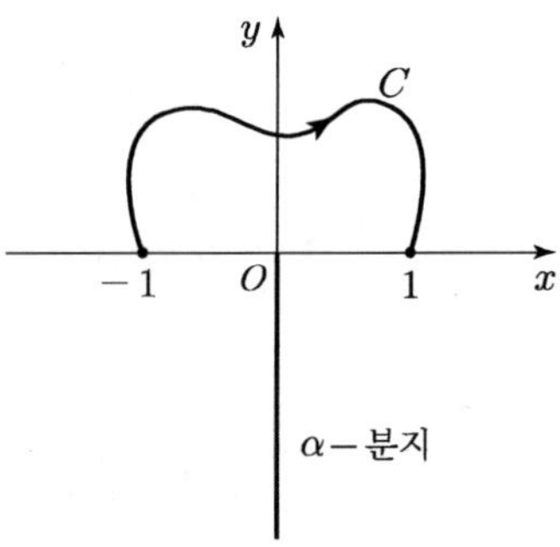

그림 4.15

이 분지에 대하여 적분을 계산하면

$$\int_{C_1} z^i dz=\frac{1}{i+1}z^{i+1}|_{-1}^{1}$$

$$
\begin{aligned}
&= \frac{1}{i+1}[1^{i+1} - (-1)^{i+1}] \\
&= \frac{1}{i+1}[\exp\{(i+1)(Log\, 1 + 0i)\} - \exp\{(i+1)(Log\, 1 + \pi i)\}] \\
&= \frac{1}{i+1}(1 - e^{-\pi} e^{\pi i}) \\
&= \frac{1}{i+1}(1 - e^{-\pi}(\cos\pi + i\sin\pi)) \\
&= \frac{1}{i+1}(1 + e^{-\pi}) \\
&= \frac{1}{2}(1 + e^{-\pi})(1 - i)
\end{aligned}
$$

를 얻는다. ▪

4.3 코시-구르사 정리

해석함수에 대해서는 적분값을 다음 정리와 같이 간단하게 계산할 수 있다. 단순닫힌경로란 원처럼 교차하지 않으며 경로의 시작점과 끝점이 일치하는 폐곡선을 의미한다고 했는데 경로의 방향이 주어지지 않은 경우에는 반시계방향으로 간주한다.

정리 4.1 [코시-구르사(Cauchy-Goursat)]

함수 f가 단순닫힌경로 C의 안쪽과 그 위의 모든 점에서 해석적이면 $\int_C f(z)dz = 0$이다.

증명 $f(z) = u + iv$, $f'(z) = u_x + iv_x$, $z = x + iy$, $dz = dx + i\,dy$로 두고 $f'(z)$가 연속이라는 가정 하에서만 증명을 다룬다. R을 C의 내부 영역이라 하자. 먼저 f가 해석적이기 때문에 $u_x = v_y$, $u_y = -v_x$가 성립하고 f'이 연속이므로 u_x와 v_x도 연속이다. 따라서 u_y와 v_y도 연속이다. 그러므로

$$\begin{aligned}\int_C f(z)dz &= \int_C (u+iv)(dx+idy) \\ &= \int_C udx - vdy + i\int_C vdx + udy \\ &= \iint_R (-v_x - u_y)dA + i\iint_R (u_x - v_y)dA \\ &= 0\end{aligned}$$

가 된다. 위의 적분과정에서 이중적분으로의 전환은 그린(Green) 정리를 적용하였다. ■

> ∗ 리콜[그린(Green) 정리] :
> $P(x, y)$, $Q(x, y)$, P_x, P_y, Q_x, Q_y가 모두 단순 영역 R에서 연속이면
> $\int_C P\,dx + Q\,dy = \iint_R (Q_x - P_y)dA$가 성립한다.

$f(z)=z+i$의 경우 C가 그림 4.16과 같이 단순닫힌경로이면

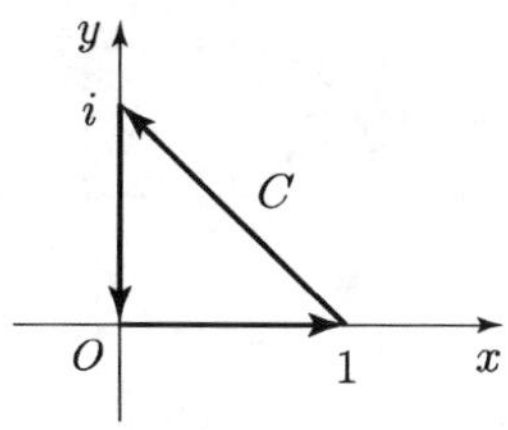

그림 4.16

f는 C의 안쪽과 그 위의 모든 점에서 해석적이므로 코시-구르사 정리에 의해서 $\int_C (z+i)dz = 0$이 된다.

주목 4.2절 첫 부분에서 1에서 i까지의 직선경로에 대한 적분값은 $-2-i$임을 밝혔고 예제 4.1에서 i에서 0을 지나 1까지의 수직선분과 수평선분에 대한 적분값은 $2+i$임을 보였다. 따라서 C 상에서의 적분값은 위의 결과와 같이 0이 된다.

또한 $f(z)=z+i=x+(y+1)i$으로 나타낼 수 있기 때문에 그린 정리를 다음과 같이 직접 적용할 수 있다.

$$\begin{aligned}\int_C (z+i)dz &= \int_C (x+(y+1)i)(dx+idy)\\ &= \int_C xdx-(y+1)dy + i\int_C (y+1)dx + xdy\end{aligned}$$

$$= \iint_R (0-0)dA + i\iint_R (1-1)dA$$

$$= 0.$$

예제 4.7

C는 1, $1+i$, i를 연결한 두 선분과 단위원의 일부로 이루어져 있다.

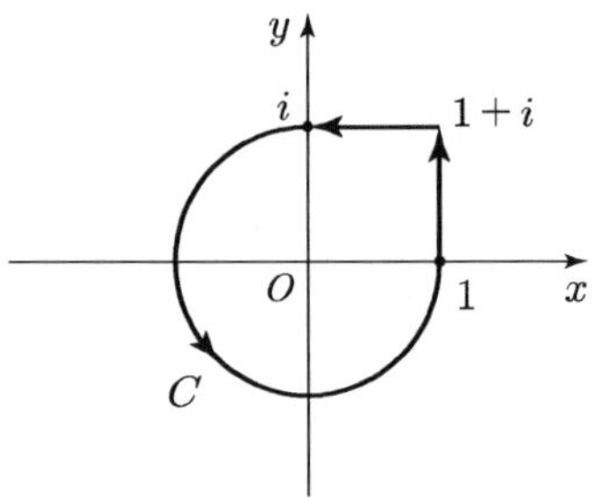

그림 4.17

(1) $\displaystyle\int_C \frac{e^z \cos^2 z}{z^2+z-6}dz$의 값을 구하여라.

(2) $\displaystyle\int_C \bar{z}dz$의 값을 구하여라. (기출 2003)

풀이 (1) $z=2,\ -3$일 때 $z^2+z-6=0$가 된다. 이 점들은 C의 외부에 존재하기 때문에 코시-구르사 정리에 의해서 적분값은 0이다.

(2) $f(z)=\bar{z}$는 C의 내부와 그 위에서 해석적이지 않기 때문에 코시-구르사 정리를 사용할 수 없다. 따라서 C의 3개의 부분경로에 대하여 각각 매개변수표현으로 나타내어 선적분을 하거나(연습문제 4의 5번) 또는 $\bar{z}=x-iy$, $dz=dx+idy$로 나타내어 그린 정리를 적용할 수 있다. 계산하면

$$\int_C \bar{z}dz = \int_C (x-iy)(dx+idy)$$

$$\begin{aligned}
&= \int_C xdx + ydy + i\int_C -ydx + xdy \\
&= \iint_R (0-0)dA + i\iint_R (1-(-1))dA \\
&= 2i\iint_R dA \\
&= 2i \ (R\text{의 넓이}) \\
&= 2i\left(\frac{3}{4}\pi + 1\right)
\end{aligned}$$

을 얻는다. ■

다중연결

정리 4.2

f가 단순닫힌경로 C, C_1, C_2, $\cdots$, C_n 상에서 그리고 D(C의 내부와 C_i들 외부와의 교차집합)에서 해석적이고 $B = C \cup C_1 \cup C_2 \cup \cdots \cup C_n$이면 $\int_B f(z)dz = 0$이다. 여기서, C는 반시계반향, C_1, C_2, $\cdots$, C_n는 C의 내부에서 시계방향으로 도는 경로들이다.

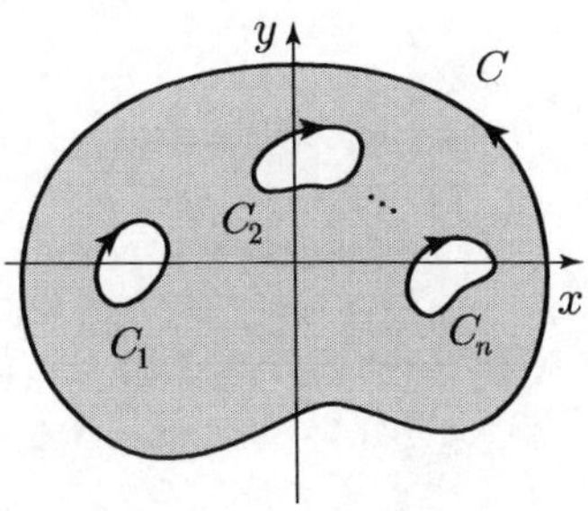

그림 4.18

$n=3$인 경우에 대한 증명을 살펴보도록 하자. C와 세 개의 단순닫힌경로 C_1, C_2, C_3을 그림 4.19와 같이 연결하여 두 개의 단순닫힌경로 Γ_1, Γ_2를 생

성한다.

$\Gamma_1 = C$ 의 윗부분$+ L_1 + C_1$의 윗부분$+ L_2 + C_2$의 윗부분$+ L_3$
$+ C_3$의 윗부분$+ L_4$

$\Gamma_2 = C$ 의 아랫부분$- L_4 + C_3$의 아랫부분$- L_3 + C_2$의 아랫부분$- L_2$
$+ C_1$의 아랫부분$- L_1$

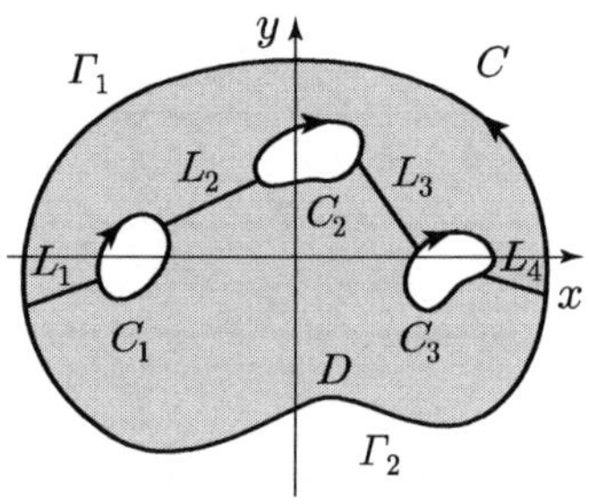

그림 4.19

여기서 $-L_i$, $i = 1, 2, 3, 4$는 L_i의 반대방향인 오른쪽에서 왼쪽으로의 진행을 의미한다. 그러면 $B = \Gamma_1 \cup \Gamma_2$가 되고 코시-구르사 정리에 의해서

$$\int_{\Gamma_1} f(z)dz = 0, \quad \int_{\Gamma_2} f(z)dz = 0$$

가 된다. 따라서

$$\int_B f(z)dz = \int_{\Gamma_1} f(z)dz + \int_{\Gamma_2} f(z)dz = 0$$

가 성립한다.

예를 들면, 그림 4.20과 같이 $B = C \cup C_1$이고

$$f(z)=\frac{1}{(z^2-1)(z^2+16)}$$

일 때 해석적이지 않는 f의 점들은 ± 1, $\pm 4i$이고 이들은 C의 외부와 C_1의 내부에 존재한다. f는 $C \cup C_1 \cup D$상에서 해석적이기 때문에 위의 다중연결 정리에 의해서 $\int_B f(z)dz=0$가 된다.

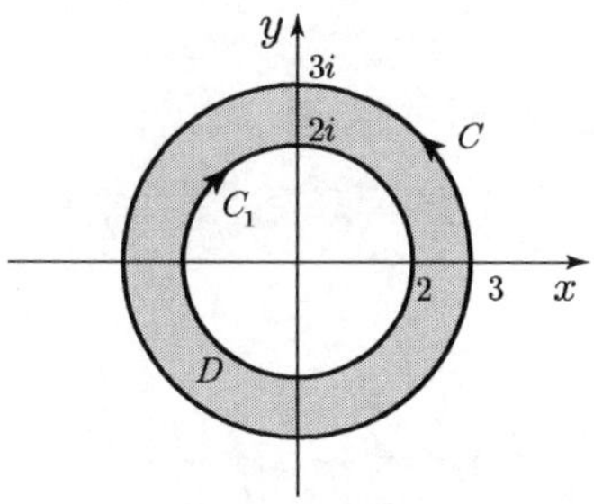

그림 4.20

주목 그림 4.21과 같이 C와 C_1의 방향이 같을 경우 $B=C\cup -C_1$로 두면

$$0=\int_B f(z)dz=\int_C f(z)dz+\int_{-C_1} f(z)dz=\int_C f(z)dz-\int_{C_1} f(z)dz$$

를 만족한다. 따라서 $\int_C f(z)dz=\int_{C_1} f(z)dz$가 된다.

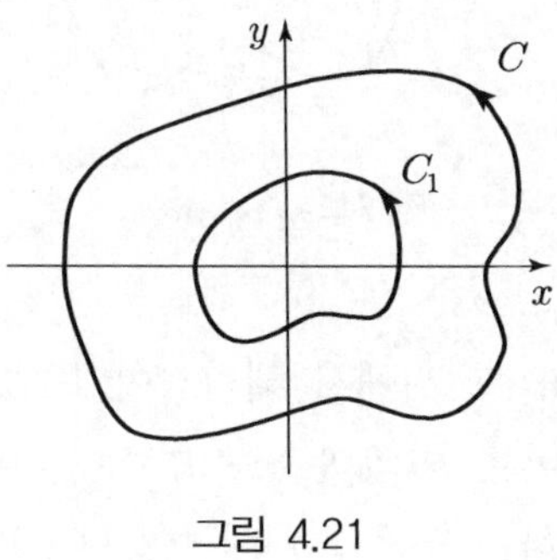

그림 4.21

4.4 코시적분 공식

다음 정리는 적분의 피함수에 대하여 해석적이지 않는 점이 단순닫힌경로 C 의 내부에 존재하는 경우 선적분의 값은 어떻게 주어지는지를 알려준다.

정리 4.3

함수 f는 단순닫힌경로 C 의 내부와 그 위에서 해석적이면 임의의 내부점 z_0에 대하여 다음 코시적분 공식을 만족한다.

$$f(z_0) = \frac{1}{2\pi i}\int_C \frac{f(z)dz}{z-z_0}$$

즉, $\displaystyle\int_C \frac{f(z)dz}{z-z_0} = 2\pi i f(z_0)$라 할 수 있다.

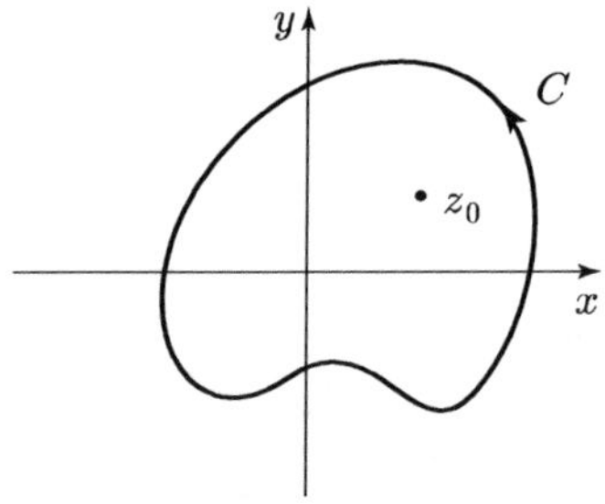

그림 4.22

증명 $f(z)$가 C 의 내부와 그 위에서 해석적이기 때문에 f는 C 의 내부와 그 위에서 연속이다. 이는 임의의 $\epsilon > 0$에 대하여 어떤 $\delta > 0$가 존재해서 $|z-z_0| < \delta$를 만족하는 모든 z에 대하여 $|f(z)-f(z_0)| < \epsilon$임을 의미한다.

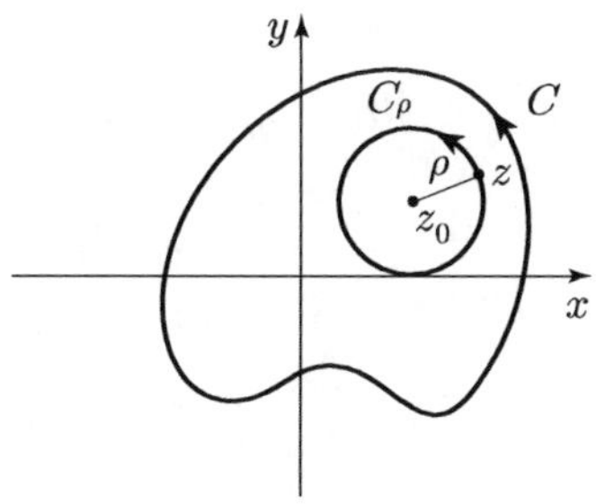

그림 4.23

그러므로 임의의 $\epsilon > 0$가 주어졌을 때 z_0가 중심점이 되고 반지름이 ρ가 되는 원 $C\rho$를 그림 4.23과 같이 선택한다.

이제 $D = C \cup C_\rho \cup \{C$ 와 C_ρ의 사이$\}$로 두면 $\frac{f(z)}{z - z_0}$는 D에서 해석적이다. 앞의 '주목'에 의해서

$$\int_C \frac{f(z)dz}{z - z_0} = \int_{C_\rho} \frac{f(z)dz}{z - z_0} = \int_{C_\rho} \frac{f(z) - f(z_0)}{z - z_0} dz + \int_{C_\rho} \frac{f(z_0)}{z - z_0} dz$$

가 된다. 또한

$$\left| \int_{C_\rho} \frac{f(z) - f(z_0)}{z - z_0} dz \right| \leq \int_{C_\rho} \left| \frac{f(z) - f(z_0)}{z - z_0} \right| dz < \frac{\epsilon}{\rho} \int_{C_\rho} dz = \frac{\epsilon}{\rho} 2\pi\rho = 2\pi\epsilon$$

을 만족하므로

$$\int_{C_\rho} \frac{f(z) - f(z_0)}{z - z_0} dz = 0$$

가 된다. 그리고

$$\int_{C_\rho} \frac{f(z_0)dz}{z-z_0} = 2\pi i f(z_0)$$

가 됨을 보일 수 있다. 따라서 $f(z_0) = \dfrac{1}{2\pi i}\displaystyle\int_C \frac{f(z)dz}{z-z_0}$ 이다. ■

예를 들면, $f(z) = e^z$는 $C : |z-1| = 1$의 내부와 그 위(그림 4.24 참조)에서 해석적이다.

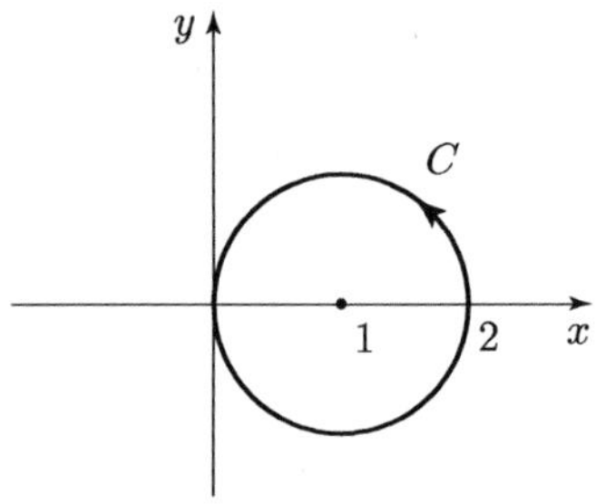

그림 4.24

코시적분 공식에 의해서 $\displaystyle\int_C \frac{e^z}{z-1}dz = 2\pi i f(1) = 2\pi i e = 2\pi e i$로 주어진다.

예제 4.8

C는 $1,\ 1+2i,\ -1+2i,\ -1$을 지나는 네 개의 선분(정사각형)으로 이루어져 있고 반시계방향으로 주어졌다.

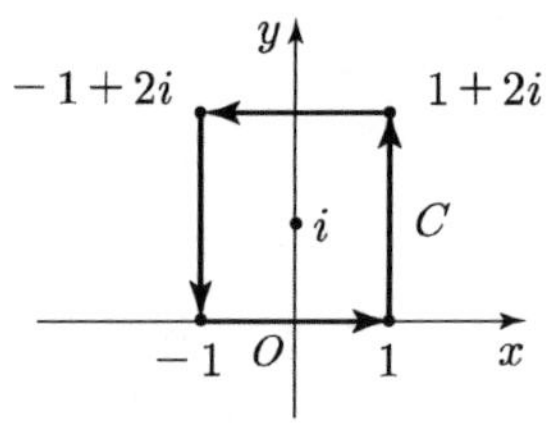

그림 4.25

$\int_C \left(z \sin z + \frac{z}{z^2+1} \right) dz$의 값을 구하여라.

풀이 코시-구르사 정리에 의해서 $\int_C z \sin z dz = 0$이고

$$\begin{aligned} \int_C \left(z \sin z + \frac{z}{z^2+1} \right) dz &= 0 + \int_C \frac{z}{(z+i)(z-i)} dz \\ &= \int_C \frac{\frac{z}{z+i}}{z-i} dz \\ &= \int_C \frac{f(z)}{z-i} dz \end{aligned}$$

이다. $f(z) = \frac{z}{z+i}$는 C의 내부와 그 위에서 해석적이기 때문에 코시적분 공식에 의해서 $\int_C \frac{f(z)}{z-i} dz = 2\pi i f(i) = 2\pi i \frac{i}{2i} = \pi i$이다. 따라서 구하고자 하는 적분값은 πi이다. ■

예제 4.9 (기출 2007)

C는 꼭지점이 -1, $1-i$, $1+i$인 삼각형이고 반시계방향으로 주어졌을 때 $\int_C \frac{dz}{z(z-2)}$의 값을 구하여라.

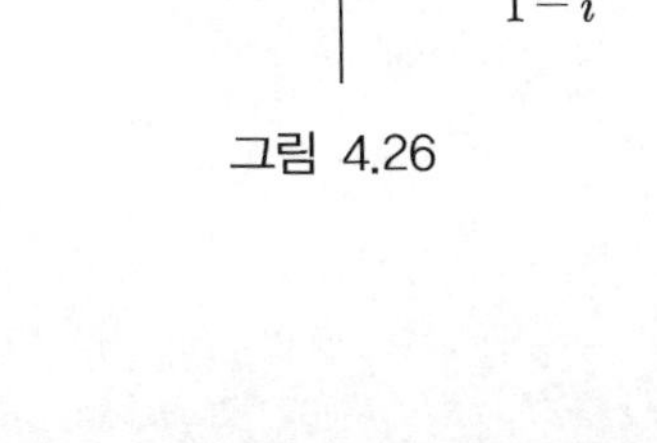

그림 4.26

풀이 $f(z)=\dfrac{1}{z-2}$로 두면

$$\int_C \frac{dz}{z(z-2)}=\int_C \frac{\frac{1}{z-2}}{z-0}dz=2\pi i f(0)=2\pi i\left(\frac{-1}{2}\right)=-\pi i.$$ ■

일반적인 코시적분 공식은 다음과 같이 주어진다.

$$f^{(n)}(z_0)=\frac{n!}{2\pi i}\int_C \frac{f(z)}{(z-z_0)^{n+1}}dz$$

$n=0$인 경우는 $f(z_0)$을 의미하고

$n=1$인 경우 $f'(z_0)=\dfrac{1}{2\pi i}\displaystyle\int_C \frac{f(z)}{(z-z_0)^2}dz$

$n=2$인 경우 $f''(z_0)=\dfrac{1}{\pi i}\displaystyle\int_C \frac{f(z)}{(z-z_0)^3}dz$

$n=3$인 경우 $f'''(z_0)=\dfrac{3}{\pi i}\displaystyle\int_C \frac{f(z)}{(z-z_0)^4}dz$

$\vdots$

예제 4.10 (기출 1999)

$\displaystyle\int_{|z|=2}\frac{(z^2+7)e^{2z}}{(z-3)(z+1)^2}dz$의 값을 구하여라.

풀이 $f(z)=\dfrac{(z^2+7)e^{2z}}{z-3}$로 두면 f는 C의 내부와 그 위에서 해석적이다.

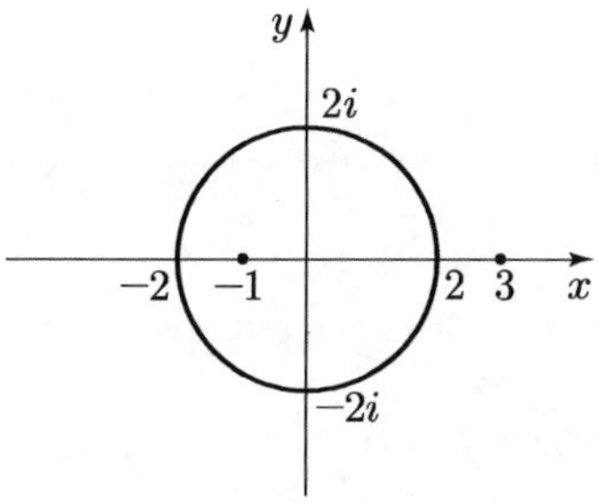

그림 4.27

미분하면

$$f'(z) = \frac{(z-3)[(z^2+7)2e^{2z}+2ze^{2z}]-(z^2+7)e^{2z}}{(z-3)^2}$$

$$f'(-1) = -4e^{-2}$$

을 얻는다. 따라서

$$\int_{|z|=2} \frac{(z^2+7)e^{2z}}{(z-3)(z+1)^2}dz = \int_{|z|=2} \frac{f(z)}{(z-(-1))^2}dz = 2\pi i f'(-1) = \frac{-8\pi}{e^2}i$$

이다. ■

연습문제 4

1. $f(z) = iz^2$ 이고 C 는 다음과 같이 원점에서 $2+2i$ 로 이어지는 선분일 때 선적분 $\int_C f(z)dz$ 를 구하여라.

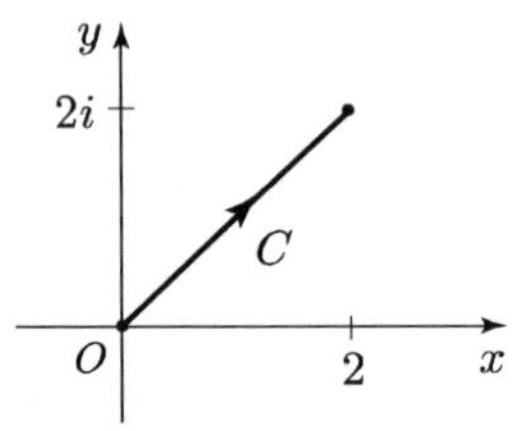

그림 4.28

2. 다음의 경로 C($-2i$ 에서 $2i$ 까지의 반원) 상에 정의된 함수 $f(z)$ 에 대하여 $\int_C f(z)dz$ 를 구하여라.

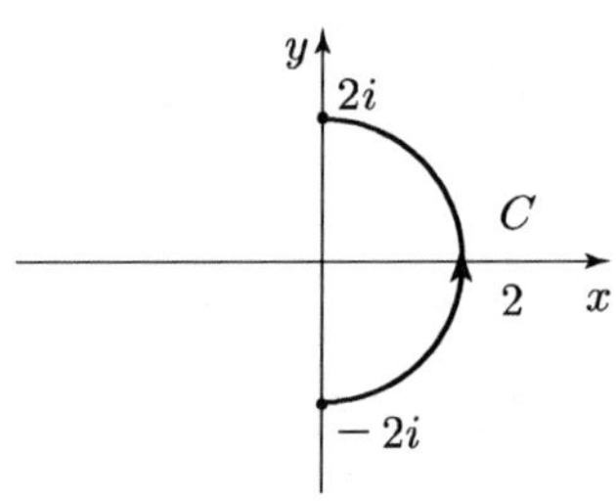

그림 4.29

(1) $f(z) = \dfrac{1}{z}$ (2) $f(z) = \bar{z}$

3. 다음의 경로 $C: |z-1| = 1$ 상에 정의된 함수 $f(z) = \dfrac{1}{z-1}$ 에 대하여 $\int_C f(z)dz$ 를 구하라.

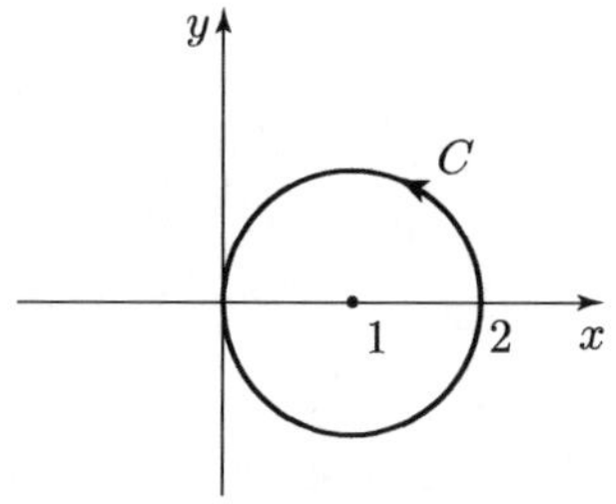

그림 4.30

4. 복소평면 위의 타원 $(x-1)^2+4y^2=4$를 반시계방향으로 진행하는 경로를 따라 복소함수 $f(z)=2x+3y$를 선적분하여라.

5. C는 $1,\ 1+i,\ i$를 연결한 두 선분과 단위원의 일부로 이루어져 있다(그림 4.17 참조). C를 매개변수표현으로 나타내어 $\int_C \bar{z}dz$의 값을 구하여라.

6. 다음의 경로 C 상에 정의된 함수 $f(z)=\frac{i}{z}$에 대하여 $\int_C f(z)dz$를 구하여라.

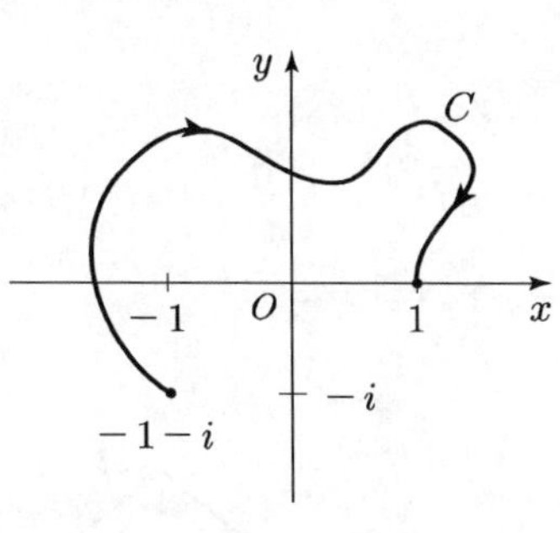

그림 4.31

7. (기출 2011)
정함수 $f(z)=u(x,\ y)+iv(x,\ y)$가 다음 조건을 만족시킬 때 $f(-1+i)$의 값을 구하여라(단, u와 v는 실함수이다).

(가) 임의의 복소수 $z=x+iy$에 대하여 $\frac{\partial u}{\partial x}+\frac{\partial v}{\partial y}=0$이다.

(나) $f(1)=0,\ f(i)=1+i$

8. (기출 2009)

좌표평면에서 원 $x^2+y^2=4$ 위를 반시계방향으로 한 바퀴 도는 곡선을 C라 할 때, $\int_C (3+yx^2)dx+(2-xy^2)dy$의 값을 구하여라.

(**힌트** : 그린 정리와 극좌표를 이용하여라.)

9. 경로 C는 다음과 같이 주어졌을 때 $\int_C \left(\frac{1}{8}y+ix\right)dx+\left(\frac{1}{4}x-iy\right)dy$의 값을 구하여라.

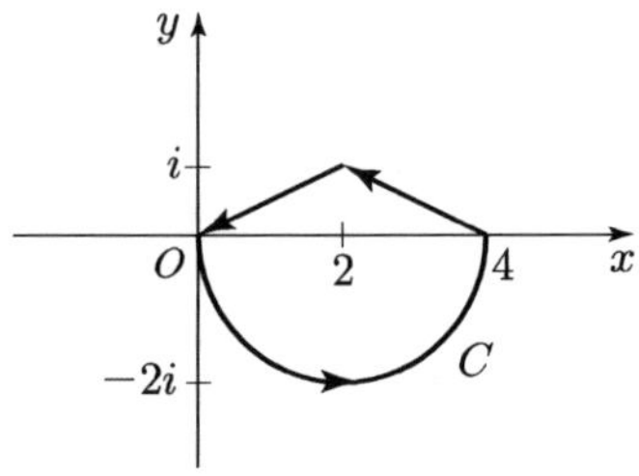

그림 4.32

10. $f(z)=\frac{1}{(z^2-1)(z^2+9)}$이고 경로 C는 다음과 같이 주어졌을 때 $\int_C f(z)dz$의 값을 구하여라.

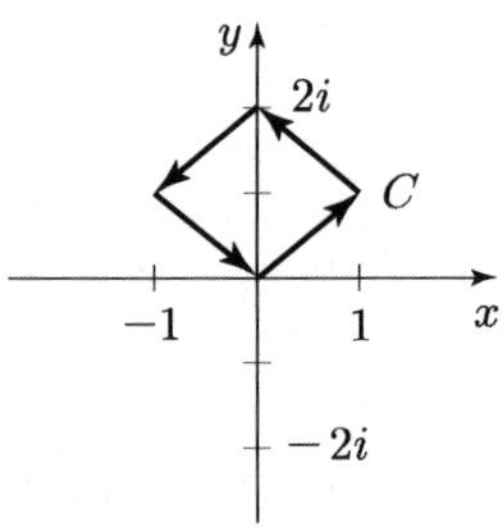

그림 4.33

11. $f(z)=Log(z+2)$이고 경로 C는 다음과 같이 주어졌을 때 $\int_C f(z)dz$의 값을 구하여라.

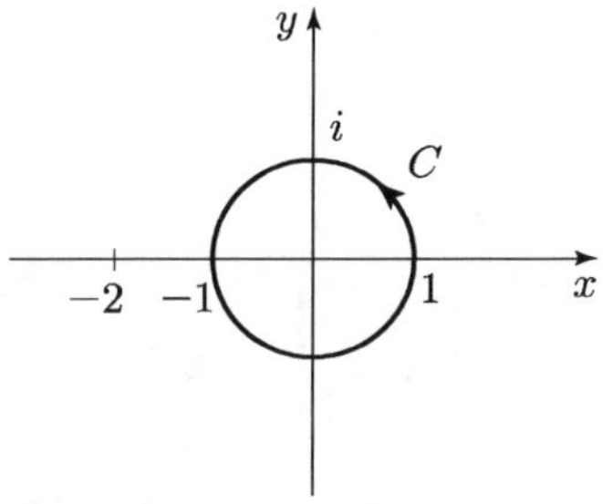

그림 4.34

12. $B=C_1 \cup C_2$이고 $f(z)=\dfrac{1}{(z^2+2)(z^2-10)}$일 때 $\int_B f(z)dz$의 값을 구하여라.

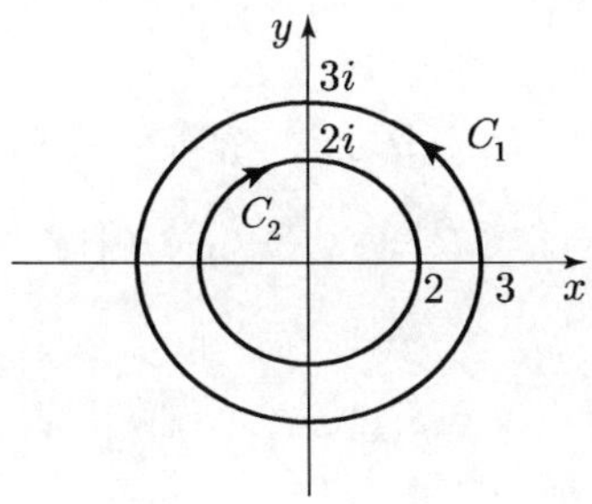

그림 4.35

13. 반시계방향으로 도는 경로 $C: |z|=2$에 대하여 $\int_C \dfrac{z^3}{2z+1}dz$의 값을 구하여라.

14. $a>0$는 임의의 실수이고 경로 C는 다음과 같이 주어졌을 때 다음 적분값을 구하여라.

(1) $\displaystyle\int_C \frac{e^{az}}{z}dz$ (2) $\displaystyle\int_C \frac{e^{az}}{z^2}dz$

(3) $\displaystyle\int_C \frac{e^{az}}{z^n}dz$

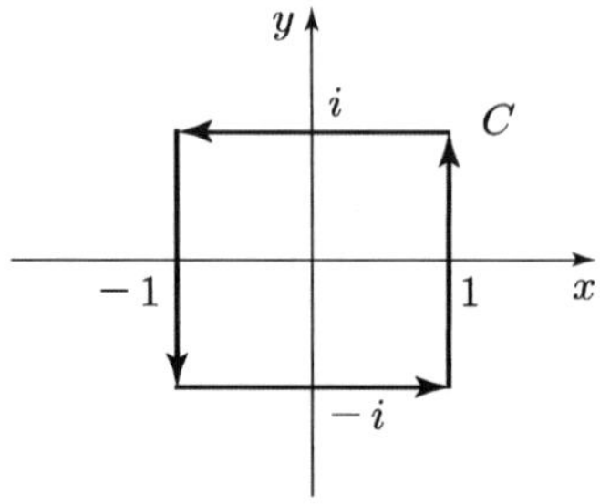

그림 4.36

15. 복소적분 $\displaystyle\int_{|z|=1/2} \frac{\sin z \cos^2 z}{z^2+2z-3}dz$의 값을 구하여라.

16. 복소평면에 다음과 같이 포물선 형태로 주어지는 경로 C에 대한 매개변수표현을 구하고 $\displaystyle\int_C 2dz$의 값을 구하여라.

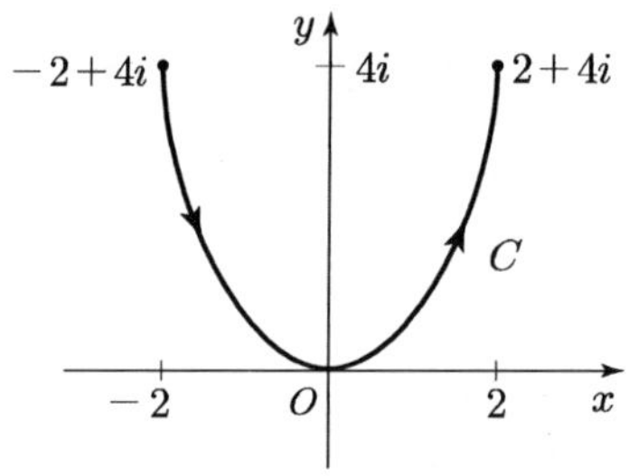

그림 4.37

17. 반시계방향으로 도는 경로 $C: |z-2i|=2$에 대하여 $\displaystyle\int_C \frac{1}{z^3+8i}dz$의 값을 구하여라.

18. (기출 2013)

다음 4개의 복소함수

$$f_1(x)=z,\quad f_2(z)=\overline{z},\quad f_3(z)=e^z,\quad f_4(z)=e^{\overline{z}}$$

로 생성되는 복소 벡터 공간

$$\{a_1f_1+a_2f_2+a_3f_3+a_4f_4 \mid a_1,\ a_2,\ a_3,\ a_4 \in \mathbb{C}\}$$

를 V라 하자. 여기서 $\overline{z}$는 z의 켤레복소수이다.

복소평면 $\mathbb{C}$ 상의 시계반대방향의 단위원 $C: |z|=1$에 대하여 사상 (map) $T: V \rightarrow \mathbb{C}$를 다음과 같이 정의하자.

$$T(f)=\int_C f(z)dz$$

T가 선형사상임을 증명하시오. 선형사상 T의 핵(kernel) $\ker(T)$의 기저를 구하고, $\ker(T)$를 이용하여 $T^{-1}(2)=\{f\in V \mid T(f)=2\}$를 나타내어라.

제5장

최대 절댓값과 리우빌 정리

코시 부등식을 소개하고 이의 활용을 다룬다. 유계이고 해석적이며 상수함수가 아닌 복소함수의 최댓값 또는 최솟값은 어디에서 일어나는지를 파악한다. 정함수가 유계이면 상수함수가 된다는 리우빌 정리를 살펴본다.

5.1 코시 부등식

$f(z)$가 중심점이 z_0이고 반지름이 R인 원 C_R의 내부와 그 위에서 해석적이고 C_R 위에서 $|f(z)|$의 최댓값을 M_R이라고 하자. 코시적분 공식에 의해서

$$f^{(n)}(z_0) = \frac{n!}{2\pi i}\int_{C_R}\frac{f(z)}{(z-z_0)^{n+1}}dz$$

이므로

$$\begin{aligned}|f^{(n)}(z_0)| &\le \frac{n!}{2\pi}\int_{C_R}\left|\frac{f(z)}{(z-z_0)^{n+1}}\right|dz \le \frac{n!}{2\pi}\frac{M_R}{R^{n+1}}\int_{C_R}dz \\ &= \frac{n!}{2\pi}\frac{M_R}{R^{n+1}}2\pi R \\ &= \frac{n!M_R}{R^n}, \quad n=1,\ 2,\ 3,\ \cdots\end{aligned}$$

이 성립한다.

따라서 다음을 코시 부등식이라 부른다.

$$|f^{(n)}(z_0)| \le \frac{n!M_R}{R^n}, \quad n=1,\ 2,\ 3,\ \cdots$$

예를 들어, $n=1$이면

$$|f'(z_0)| \le \frac{M_R}{R}$$

이고, $n=2$인 경우는

$$|f''(z_0)| \le \frac{2M_R}{R^2}$$

을 만족한다.

다음 예제는 코시 부등식의 활용을 다룬다.

예제 5.1

$f(z)$는 정함수이고 $A>0$이라 하자. 모든 복소수 z에 대하여 $|f(z)| \le A|z|$을 만족하면 복소상수 a_1에 대하여 $f(z)=a_1 z$가 됨을 보여라.

풀이 임의의 z_0와 $R>0$을 선택하여 반시계방향으로 진행하는 경로 C_R : $|z-z_0| = R$을 택한다. 코시 부등식에 의하여 $|f''(z_0)| \le \dfrac{2M_R}{R^2}$을 만족한다. M_R은 C_R 위에서 $|f(z)|$의 최댓값(어떤 $z \in C_R$에 대하여 $M_R = f(z)$임)이기 때문에 $M_R \le A|z|$이다. 한편 C_R 위에 있는 z는 $z = z_0 + Re^{i\theta}$, $0 \le \theta \le 2\pi$로 나타낼 수 있기 때문에 $|z| \le |z_0| + R$을 만족한다. 따라서 $|f''(z_0)| \le \dfrac{2M_R}{R^2} \le \dfrac{2A(|z_0|+R)}{R^2}$가 성립한다. 이제 $R \to \infty$이면 $f''(z_0)=0$가 되고 z_0는 임의의 점이기 때문에 $f''(z)=0$라 할 수 있다. 따라서 $f'(z)=a_1$이 되고 $f(z) = a_1 z + a_2$가 된다. 가정 $|f(z)| \le A|z|$에 의하여 $|f(0)| \le A|0| = 0$이므로 $f(0)=0$가 되어야 한다. 그리고 0을 함수 $f(z)$에 대입하면 $|f(0)| = |a_1 0 + a_2| = |a_2| = 0$가 되어 $a_2 = 0$가 된다. 즉, $f(z) = a_1 z$이다. ■

예제 5.2 (기출 2009)

복소수 전체의 집합 C에서 C로의 정함수 f가 모든 $z \in C$에 대하여 두 조건 $|f(z)| \le 2|ze^z|$, $f'(1)=1$을 만족시킬 때, $f(1)$의 값을 구하여라.

풀이 $g(z) = \dfrac{f(z)}{e^z}$로 두면 $g(z)$는 정함수가 되고 $|g(z)| \le 2|z|$을 만족한다. 예

제 5.1에 의하여 $g(z)=a_1z$로 나타낼 수 있기 때문에 $f(z)=a_1ze^z$가 된다. 미분하면 $f'(z)=a_1ze^z+a_1e^z$가 되고 가정에 의하여 $f'(1)=2a_1e=1$이 된다. 따라서 $a_1=\dfrac{1}{2e}$이기 때문에 $f(z)=\dfrac{1}{2e}ze^z$가 되고 $f(1)=\dfrac{1}{2}$이다. ■

다음은 적분값과 관련하여 $f(z)$가 해석함수가 되기 위한 충분조건이다. 증명은 생략한다.

정리 5.1 [모레라(Morera)]

$f(z)$가 영역 D에서 연속이고 D에 포함되는 모든 닫힌 경로 C에 대하여 $\int_C f(z)dz=0$이면 $f(z)$는 D 상에서 해석함수이다.

최대 절댓값 원리라 부르는 다음 정리는 주어진 영역에서 해석적이지만 상수함수가 아닌 복소함수 $f(z)$의 최댓값 또는 최솟값은 그 영역의 내부점에서는 일어나지 않음을 알려준다. 이의 증명은 보조정리를 먼저 증명한 후 다룬다.

정리 5.2 [최대 절댓값 원리(Maximum Modules Principle)]

함수 $f(z)$가 영역(열린, 연결된) D에서 해석적이지만 상수함수가 아니면 $|f(z)|$는 D의 내부에서 최댓값을 가지지 않는다. (즉, 모든 $z\in D$에 대하여 $|f(z)|\le|f(z_0)|$을 만족하는 z_0가 D의 내부에 존재하지 않는다.)

정리 5.3 (보조)

함수 $f(z)$가 z_0의 ϵ-근방$[B_\epsilon(z_0)=\{z\,|\,|z-z_0|<\epsilon\}]$에서 해석적이고 $B_\epsilon(z_0)$에 속하는 모든 z에 대하여 $|f(z)|\le|f(z_0)|$이면 $f(z)$는 $B_\epsilon(z_0)$ 상에서 상수함수이다.

증명 $0 < \rho < \epsilon$을 만족하는 ρ를 택하여 반시계방향으로 도는 경로 $C : |z - z_0| = \rho$를 고려한다.

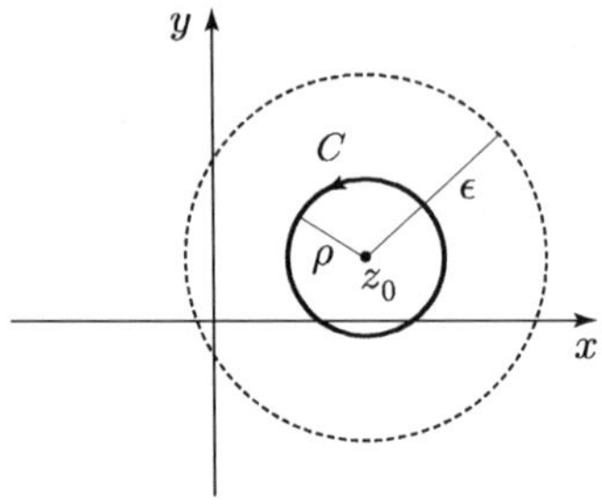

그림 5.1

C 상에 있는 점 z는

$$z = z_0 + \rho e^{i\theta},\ 0 \le \theta \le 2\pi$$

로 주어지며 $dz = \rho i e^{i\theta} d\theta$가 된다. 코시적분 공식에 의하여

$$\begin{aligned} f(z_0) &= \frac{1}{2\pi i} \int_C \frac{f(z)dz}{z - z_0} = \frac{1}{2\pi i} \int_0^{2\pi} \frac{f(z_0 + \rho e^{i\theta})}{\rho e^{i\theta}} \rho i e^{i\theta} d\theta \\ &= \frac{1}{2\pi} \int_0^{2\pi} f(z_0 + \rho e^{i\theta}) d\theta \end{aligned}$$

가 되므로 $|f(z_0)| \le \frac{1}{2\pi} \int_0^{2\pi} |f(z_0 + \rho e^{i\theta})| d\theta$을 만족한다.

한편, 가정 $|f(z)| \le |f(z_0)|$에 의하여

$$\int_0^{2\pi} |f(z_0 + \rho e^{i\theta})| d\theta \le \int_0^{2\pi} |f(z_0)| = 2\pi |f(z_0)|$$

즉, $|f(z_0)| \ge \frac{1}{2\pi} \int_0^{2\pi} |f(z_0 + \rho e^{i\theta})| d\theta$를 만족한다. 위의 결과와 결합시키면

$$|f(z_0)| = \frac{1}{2\pi}\int_0^{2\pi} |f(z_0+\rho e^{i\theta})|\,d\theta,$$

$$|f(z_0)|2\pi = \int_0^{2\pi} |f(z_0+\rho e^{i\theta})|\,d\theta,$$

$$\int_0^{2\pi} (|f(z_0)| - |f(z_0+\rho e^{i\theta})|)\,d\theta = 0$$

가 된다. f는 연속이고 가정에 의하여 $|f(z)| = |f(z_0+\rho e^{i\theta})| \le |f(z_0)|$이므로 위의 적분의 값이 0이 되기 위해서는 $|f(z_0+\rho e^{i\theta})| = |f(z_0)|$가 되어야 한다. 즉, C 상에 있는 모든 점 z에 대하여 $|f(z)| = |f(z_0)|$을 만족한다. ρ는 임의의 값이기 때문에 $f(z)$는 $B_\epsilon(z_0)$ 상에서 상수함수이다. ■

증명 **[정리 5.2]** 증명은 대우방법으로 다룬다. 만약 D의 내부에서 최댓값을 가진다면 어떤 $z_0 \in D$가 존재해서 모든 $z \in D$에 대하여 $|f(z)| \le |f(z_0)|$을 만족한다. 이는 어떤 적당한 $\epsilon > 0$가 존재해서 모든 $z \in B_\epsilon(z_0)$에 대하여 $|f(z)| \le |f(z_0)|$을 만족한다고도 할 수 있다. 위의 보조정리에 의하여 모든 $z \in B_\epsilon(z_0)$에 대하여 $f(z) = f(z_0)$가 된다. 이제 z_0가 아닌 $z_1 \in B_\epsilon(z_0)$을 선택하면(그림 5.2 참조)

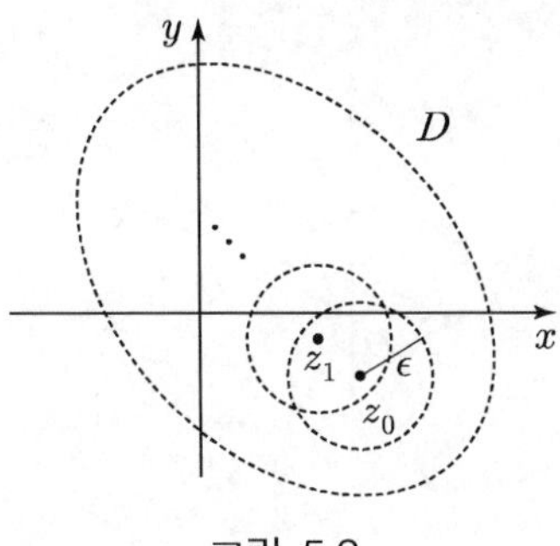

그림 5.2

모든 $z \in B_\epsilon(z_1)$에 대하여 $|f(z)| \le |f(z_1)|$을 만족한다. 이유는 f는 z_0에서 최댓값을 가지며 $f(z_1) = f(z_0)$이기 때문이다. 보조정리에 의해서 모든 $z \in B_\epsilon(z_1)$에 대하여 $f(z) = f(z_1)$이 된다. 이의 과정을 D 전체를 포함시

킬 수 있도록 적당한 z_i를 선택하고 되풀이 한다면 모든 $z \in D$에 대하여 $f(z) = f(z_0)$가 된다. 따라서 정리가 성립한다. ■

다음 정리는 유계이고 해석적이지만 상수함수가 아닌 복소함수 $f(z)$의 최댓값 또는 최솟값은 어디에서 일어나는지를 알려준다.

정리 5.4 (따름)

$f(z)$가 유계이고 닫힌 영역 D상에서 연속이고 D의 내부에서 해석적이지만 상수함수가 아니면 $|f(z)|$의 최댓값(또한 최솟값)은 경계점에서 일어난다.

주목 폐구간 $[-1, 1]$상에 정의된 실함수 $f(x) = -x^2$의 경우 복소함수와는 달리 최댓값은 내부점 0에서 일어난다.

예제 5.3

$f(z) = (z+2)^2$일 때 D(세 점 $0, 2, 2+i$를 잇는 삼각형과 그 내부)상에서 $|f(z)|$의 최솟값과 최댓값이 일어나는 점들을 구하여라.

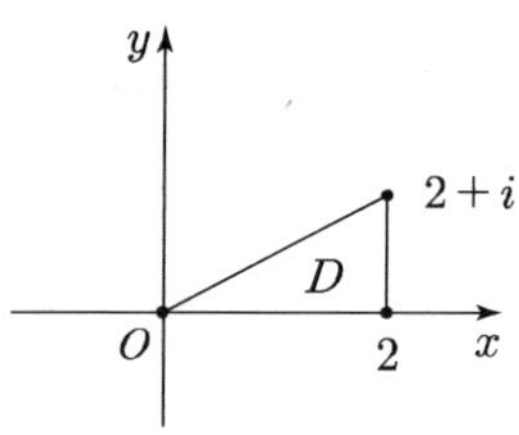

그림 5.3

풀이 $f(z)$는 D의 내부에서 해석적이고 D상에서 연속이며 상수가 아니다. 그러므로 $|f(z)|$의 최솟값과 최댓값은 D의 경계에서 일어난다. $f(z) = (z+2)^2 = (z-(-2))^2$로 나타내면 f는 z와 -2와의 거리함수로 볼 수 있다. 따라서 $|f(z)|$는 0에서 최솟값을 가지고, $2+i$에서 최댓값을 가진다. ■

5.2 리우빌 정리

다음 정리는 정함수 $f(z)$가 상수함수가 되기 위한 충분조건을 제공한다.

정리 5.5 [리우빌(Liouville)]
$f(z)$가 정함수(entire function)이고 유계이면 $f(z)$는 상수함수이다.

증명 f가 유계이기 때문에 어떤 $M>0$이 존재해서 모든 복소수 $z\in C$ 에 대하여 $|f(z)|\le M$을 만족한다. 임의의 z_0와 $R>0$을 선택하여 반시계방향으로 진행하는 경로 $C_R : |z-z_0|=R$을 형성한다.

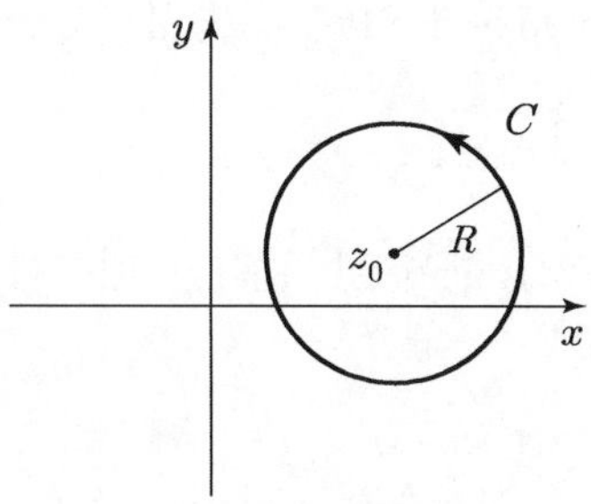

그림 5.4

그러면 코시 부등식에 의하여 $|f'(z_0)|\le \dfrac{M_R}{R}$을 만족한다. M_R은 C_R 위에서 $|f(z)|$의 최댓값이기 때문에 $M_R\le M$이다. 따라서 $|f'(z_0)|\le \dfrac{M}{R}$가 성립한다. 이제 $R\to\infty$이면 $f'(z_0)\to 0$가 되고 z_0는 임의의 점이기 때문에 모든 $z\in C$에 대하여 $f'(z)=0$라 할 수 있다. 그러므로 f는 상수함수이다. ■

예를 들면, f가 정함수이고 어떤 $\epsilon > 0$와 복소수 c가 복소수 전체집합 C 안에 존재해서 모든 $z \in C$ 에 대하여 $|f(z)-c| \geq \epsilon$이면 f는 상수함수가 된다. 이유는 $g(z)=\dfrac{1}{f(z)-c}$로 두면 g는 정함수가 되며 모든 $z \in C$ 에 대하여 $|g(z)|=\left|\dfrac{1}{f(z)-c}\right| \leq \dfrac{1}{\epsilon}$을 만족한다. 따라서 리우빌 정리에 의하여 g는 상수함수가 되고

$$g(z)=\frac{1}{f(z)-c}=k$$

로 두면 $f(z)=c+\dfrac{1}{k}$가 되어 f 역시 상수함수가 된다.

주목 실수전체집합 R에 정의된 실함수 $f(x)=e^{-x^2}$은 모든 점에서 미분가능하고 R 상에서 유계이며 최댓값은 R의 내부점 0에서 일어난다. 즉, $f(x)$는 상수함수가 아니다. 하지만 이와 같은 상황은 복소함수에서는 일어나지 않는다.

다음은 리우빌 정리를 이용하여 잘 알려진 대수학의 기본정리를 증명한다.

복소다항함수

차수가 n $(\deg(p(z))=n)$인 복소다항함수의 형식은 다음과 같다.

$$p(z)=a_0+a_1z+a_2z^2+\cdots+a_nz^n$$

여기서 a_i, $i=0,\ 1,\ 2,\ \cdots,\ n$는 복소수이며 $a_n \neq 0$이다.

정리 5.6 (대수학의 기본)

차수가 1보다 크거나 같은 복소다항함수 $p(z)$는 최소한 하나의 근을 가진다. 즉, 어떤 z_0가 존재하여 $p(z_0)=0$을 만족한다.

증명 $p(z)$는 근을 가지지 않는다고 가정하자. 그러면 모든 $z \in C$에 대하여 $p(z) \neq 0$이다. $f(z)=\dfrac{1}{p(z)}$로 두면 f는 정함수가 된다. 이제 f가 유계가 됨을 보여 모순이 일어나도록 하자.

먼저 $p(z)$를 다음과 같이 쓸 수 있다.

$$\begin{aligned} p(z) &= a_0 + a_1 z + a_2 z^2 + \cdots + a_{n-1} z^{n-1} + a_n z^n \\ &= a_n z^n + \left(\frac{a_0}{z^n} + \frac{a_1}{z^{n-1}} + \frac{a_2}{z^{n-2}} + \cdots + \frac{a_{n-1}}{z} \right) z^n \\ &= (a_n + w) z^n \end{aligned}$$

여기서 $w = \dfrac{a_0}{z^n} + \dfrac{a_1}{z^{n-1}} + \dfrac{a_2}{z^{n-2}} + \cdots + \dfrac{a_{n-1}}{z}$이다. $\dfrac{|a_n|}{2n}$의 값은 고정되어 있기 때문에 $R>0$을 선택하되 $|z|>R$을 만족하는 모든 z는 다음을 만족한다고 하자.

$$\left| \frac{a_0}{z^n} \right| < \frac{|a_n|}{2n}, \quad \left| \frac{a_1}{z^{n-1}} \right| < \frac{|a_n|}{2n}, \quad \cdots, \quad \left| \frac{a_{n-1}}{z} \right| < \frac{|a_n|}{2n}$$

그러면

$$\begin{aligned} |w| &= \left| \frac{a_0}{z^n} + \frac{a_1}{z^{n-1}} + \frac{a_2}{z^{n-2}} + \cdots + \frac{a_{n-1}}{z} \right| \\ &\leq \left| \frac{a_0}{z^n} \right| + \left| \frac{a_1}{z^{n-1}} \right| + \cdots + \left| \frac{a_{n-1}}{z} \right| \end{aligned}$$

$$< n\frac{|a_n|}{2n}$$

$$= \frac{|a_n|}{2}$$

을 얻는다. 따라서 $|a_n + w| \geq ||a_n| - |w|| > \dfrac{|a_n|}{2}$이다. 그리고 $|z| > R$을 만족하는 모든 z에 대하여

$$|f(z)| = \left|\frac{1}{p(z)}\right| = \frac{1}{|a_n + w||z^n|} < \frac{1}{\frac{|a_n|}{2}R^n} = \frac{2}{|a_n|R^n} = M$$

이다. 더불어 $|z| \leq R$을 만족하는 모든 z에 대하여 f는 연속이기 때문에 이 영역에서 f는 유계가 된다. 그래서 모든 $z \in C$에 대하여 f는 유계가 된다. f는 정함수이고 유계이기 때문에 리우빌 정리에 의해서 f는 상수함수이다. 이는 $P(z)$가 상수함수가 되어야 함을 의미하기 때문에 모순이 일어났다고 할 수 있다. 따라서 복소다항함수 $P(z)$는 최소한 하나의 근을 가진다. ■

예제 5.4 (기출 1998)

복소평면 C에서 미분가능한 정함수(entire function)가 임의의 $z \in C$에 대하여 조건 $f(z) = f(z+2) = f(z+i)$를 만족하고, $f(0) = i$라고 한다. 이때, $f(1+i)$의 값을 구하여라.

풀이 복소평면전체에서 $f(z)$가 유계임을 보여 리우빌 정리를 적용하고자 한다. 4개의 점 $2+2i$, $-2+2i$, $-2-2i$, $2-2i$을 지나는 정사각형의 내부와 그 경계를 D라고 하자. f는 콤팩트 집합 D에서 해석적이기 때문에 연속함수가 되고 따라서 유계가 된다. 즉 어떤 $M > 0$가 존재해서 모든 $z \in D$에 대하여 $|f(z)| \leq M$이다. 이제 임의의 $z \in C$를 택하도록 하자. 조건 $f(z) = f(z+2)$에 의하여

$$\begin{aligned} f(z-2) &= f(z) \\ f(z-4) &= f(z-2) \\ &\vdots \end{aligned}$$

또한 조건 $f(z)=f(z+i)$에 의하여

$$\begin{aligned} f(z-i) &= f(z) \\ f(z-2i) &= f(z-i) \\ &\vdots \end{aligned}$$

을 만족한다. 이는 $f(z)$가 어떤 $\tilde{z} \in D$에 대하여 $f(z)=f(\tilde{z})$임을 의미한다. 즉 $|f(z)| \leq M$이다. z는 임의의 복소수이기 때문에 모든 복소수 z에 대하여 $f(z)$는 유계라고 할 수 있다. 리우빌 정리에 의하여 f는 상수함수가 된다. $f(0)=i$이므로 모든 $z \in C$에 대하여 $f(z)=i$가 되고 따라서 $f(1+i)=i$이다. ■

연습문제 5

1. (기출 2004)

   복소평면 C에서 해석함수 f가 다음 두 조건을 모두 만족시키면 $f(z)=z$임을 보여라.

   (1) $f(1)=1$

   (2) 임의의 $z\in C$에 대하여 $|f(z)|\le|z|$

2. $C:|z-i|=2$ 반시계방향일 때 $\int_C \frac{1}{(z^2+4)^2}dz$의 값을 구하여라.

3. 복소수 전체의 집합 C에서 C로의 정함수 f가 모든 $z\in C$에 대하여 두 조건 $|f(z)|\le 4|ze^{2z}|$, $f'(1)=1$을 만족시킬 때, $f(1)$의 값을 구하여라.

4. $f(z)=z-z^2$, $R>0$일 때 $D=\{z\,|\,|z|\le R\}$ 상에서 $|f(z)|$의 최댓값을 구하여라.

5. $f(z)=(z-2)^2$일 때 D(중심점이 0이고 반지름이 1인 원과 그 내부)상에서 $|f(z)|$의 최솟값과 최댓값이 일어나는 점들을 구하여라.

6. (기출 2010)

   다음은 주어진 문제의 풀이를 단계별로 제시한 것이다. (가), (나), (다), (라)에 알맞은 것은?

   〈문제〉

   복소수 전체 집합을 C라 하자. $D=\{z\in C\,|\,|z|<2\}$이고 함수 $f:D\to C$가 D에서 해석적이라 하자. $f(0)=f'(0)=0$, $f''(0)\neq 0$이고 $f\left(\frac{1}{3}\right)=\frac{i}{12}$이며 모든 $z\in D$에 대하여 $|f(z)|\le 3$일 때, $f\left(\frac{2i}{3}\right)$의 값은?

〈풀이〉

(1단계) 함수 f가 D에서 해석적이므로 $f(z)=\sum_{n=0}^{\infty} a_n z^n$이 되고, 따라서

$$f(z)= \boxed{(가)} \cdot g(z)$$

의 꼴이다. (단, $g(z)$는 D에서 해석적이며 $g(0)\neq 0$이다.)

(2단계) $0<r<2$인 r에 대하여 $|z|=r$일 때

$$|g(z)| \le \boxed{(나)}$$

이 성립한다. 여기서 최대 절댓값 정리(maximum modulus theorem)를 적용하면

$$|z|\le r\text{일 때 } |g(z)| \le \boxed{(나)}$$

이다. 이 명제는 임의의 $r<2$에 대하여 성립하므로 모든 $z\in D$에 대하여

$$|g(z)| \le \boxed{(다)}$$

이다.

(3단계) 위의 결과와 $f\left(\frac{1}{3}\right)=\frac{i}{12}$를 사용하여 $g(z)$를 구할 수 있고, 이를 이용하면

$$f\left(\frac{2i}{3}\right)= \boxed{(라)}$$

임을 알 수 있다.

힌트 $\boxed{(라)}$ $g\left(\frac{1}{3}\right)=\frac{3}{4}i$와 최대 절댓값 정리의 보조정리를 이용하여 $g(z)$ 는 $B\left(\frac{1}{3}\right)=\left\{z \,\middle|\, \left|z-\frac{1}{3}\right|<\frac{5}{3}\right\}$에서 상수함수임을 보인다.

7. $g(z)$는 정함수이고 어떤 실수 $r>0$이 존재해서 모든 $z\in C$에 대하여 $0<r\le|g(z)|$을 만족하면 $g(z)$는 상수함수임을 증명하여라.

8. (기출 2002)

복소평면 C에서 정함수(entire function) $f(z)$가 임의의 $z\in C$에 대하여 $Re\,f(z)>1$을 만족시킨다. 이때 f는 상수함수임을 보여라.

힌트 $f(z)=u+iv$로 두고 $|f(z)|>1$임을 보인다.

9. (기출 2006)

복소평면 C 안의 영역 $D=\{z\,|\,|z|<2\}$에서 정의된 함수 $f: D\to C$가 해석적이고, 모든 $z\in D$에 대하여 $|f(z)|\le\sqrt{5}$이다. $f(0)=2+i$일 때, $f(1)+f'(i)$의 값을 구하시오.

제6장

급수의 성질과 로랑 급수

복소 급수의 성질, 특히 수렴반경 내에서의 급수의 성질을 살펴본다. 테일러 급수를 정의하고 주어진 영역에서 해석적 함수는 그 영역에서 테일러 급수로 나타낼 수 있음을 보인다. 유수(residue)를 구하는데 필요한 로랑 급수를 소개하고, 함수가 한 점에 대해서 해석적이지 않을 경우는 테일러 급수 대신 로랑 급수로 나타낼 수 있음을 보인다.

6.1 수열과 급수

복소수열 $z_1, z_2, z_3, \cdots$가 z로 수렴할 때 z를 **수열의 극한**이라 부르고 이를 $\lim_{n \to \infty} z_n = z$로 표기한다. 또한 수열의 극한에 대한 엄밀한 정의는 다음과 같다.

정의 (수열의 극한)
복소수열 $z_1, z_2, z_3, \cdots$이 주어졌을 때 임의의 $\epsilon > 0$에 대하여 어떤 양의 정수 N이 존재해서 $n > N$을 만족하는 모든 n에 대하여 부등식 $\lvert z_n - z \rvert < \epsilon$을 만족한다면 z를 이 수열의 극한이라고 한다. $z_n = x_n + iy_n$, $z = x + iy$로 나타내었을 때 $\lim_{n \to \infty} z_n = z$이기 위한 필요충분 조건은 $\lim_{n \to \infty} x_n = x$와 $\lim_{n \to \infty} y_n = y$이다.

예를 들면 $z_n = 2 + \frac{1}{2^n} + i\frac{n}{4n+1}$, $n = 1, 2, 3, \cdots$일 때

$$\lim_{n \to \infty} x_n = \lim_{n \to \infty}\left(2 + \frac{1}{2^n}\right) = 2, \quad \lim_{n \to \infty} y_n = \lim_{n \to \infty}\left(\frac{n}{4n+1}\right) = \frac{1}{4}$$

이므로 $\lim_{n \to \infty} z_n = 2 + i\frac{1}{4}$이다.

무한급수 $\sum_{n=1}^{\infty} z_n = z_1 + z_2 + z_3 + \cdots$에 대하여

$$S_N = z_1 + z_2 + \cdots + z_N = \sum_{n=1}^{N} z_n$$

이라고 정의하자. 이때 수열 S_1, S_2, S_3, $\cdots$을 급수 $\sum_{n=1}^{\infty} z_n$의 **부분합수열**이라 부른다. 따라서 급수 $\sum_{n=1}^{\infty} z_n$이 S로 수렴한다는 것은 부분합수열 S_1, S_2, S_3, $\cdots$이 S로 수렴한다는 것을 의미한다. 즉, $\lim_{N \to \infty} S_N = S$이면 $\sum_{n=1}^{\infty} z_n = S$라 할 수 있다.

$z_n = x_n + iy_n$, $S = X + iY$로 나타내었을 때 $\sum_{n=1}^{\infty} z_n = S$이기 위한 필요충분조건은 $\sum_{n=1}^{\infty} x_n = X$와 $\sum_{n=1}^{\infty} y_n = Y$이다.

예를 들면 $\sum_{n=1}^{\infty} \frac{1}{2^n} + \frac{i}{n!}$의 수렴값을 구하고자 할 때 $z_n = x_n + iy_n = \frac{1}{2^n} + i\frac{1}{n!}$로 두면 $x_n = \frac{1}{2^n}$, $y_n = \frac{1}{n!}$이 된다. 그러므로

$$\sum_{n=1}^{\infty} x_n = \sum_{n=1}^{\infty} \frac{1}{2^n} = 1, \quad \sum_{n=1}^{\infty} y_n = \sum_{n=1}^{\infty} \frac{1}{n!} = e - 1$$

이기 때문에 $\sum_{n=1}^{\infty} \frac{1}{2^n} + \frac{i}{n!} = 1 + i(e-1)$이다.

6.2 급수의 성질

급수의 절대수렴에 대한 정의는 다음과 같다.

정의

$\sum_{n=0}^{\infty} |z_n|$이 수렴하면 무한급수 $\sum_{n=0}^{\infty} z_n$는 절대수렴한다고 한다.

정리 6.1

$\sum_{n=0}^{\infty} z_n$이 절대수렴하면 $\sum_{n=0}^{\infty} z_n$은 수렴한다.

증명 $z_n = x_n + iy_n$로 두면

$$|z_n| = \sqrt{x_n^2 + y_n^2} = \sqrt{|x_n|^2 + |y_n|^2} \geq \sqrt{|x_n|^2} = |x_n| \geq 0$$

을 만족한다. 가정에 의하여 $\sum_{n=0}^{\infty} |z_n|$가 수렴하기 때문에, 실수에 대한 비교 판정법에 의하여 $\sum_{n=0}^{\infty} |x_n|$이 수렴한다. 따라서 $\sum_{n=0}^{\infty} x_n$가 수렴한다. 이와 유사하게 $\sum_{n=0}^{\infty} y_n$가 수렴함을 보일 수 있다. 그러므로

$$\sum_{n=0}^{\infty} z_n = \sum_{n=0}^{\infty} (x_n + iy_n)$$

이 수렴한다. ■

정리 6.2

$z = z_1$에서 $\sum_{n=0}^{\infty} a_n z^n$이 수렴한다고 가정하자. 그러면 $|z| < |z_1|$을 만족하는 모든 z에 대하여 $\sum_{n=0}^{\infty} a_n z^n$은 절대수렴한다.

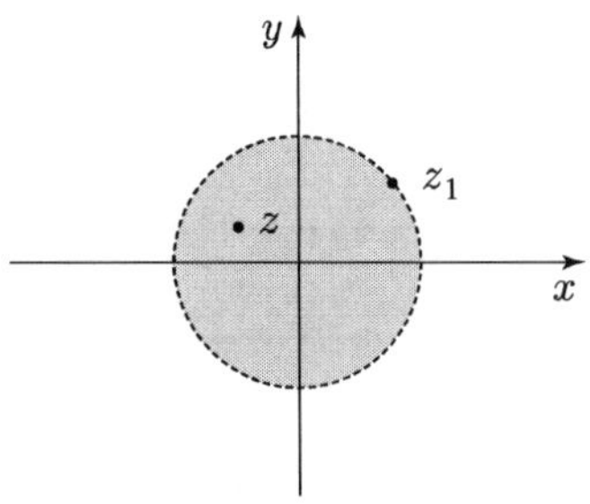

그림 6.1

증명 $\sum_{n=0}^{\infty} a_n z_1^n$이 수렴한다고 가정하고 $|z| < |z_1|$라고 하자. 위의 급수가 수렴하면 $\lim_{n\to\infty} a_n z_1^n = 0$을 만족하고 이는 어떤 $M > 0$가 존재해서 모든 $n = 0, 1, 2, \cdots$에 대하여 $|a_n z_1^n| \le M$을 의미한다. 이제 $|z| < |z_1|$을 만족하는 z에 대하여 $|a_n z^n| = |a_n z_1^n| \left|\frac{z}{z_1}\right|^n \le M \left|\frac{z}{z_1}\right|^n$이다. 또한 $\left|\frac{z}{z_1}\right| < 1$이기 때문에 $\sum_{n=0}^{\infty} M \left|\frac{z}{z_1}\right|^n$은 수렴하는 기하급수이며 $\dfrac{M}{1 - \left|\frac{z}{z_1}\right|}$로 수렴한다. 실수비교판정법에 의하여 $\sum_{n=0}^{\infty} |a_n z^n|$은 수렴한다. 따라서 $\sum_{n=0}^{\infty} a_n z^n$은 절대수렴한다. ■

무한급수 $\sum_{n=0}^{\infty} a_n z^n$이 주어졌을 때 다음 세 가지 경우 중 하나가 일어날 수 있다.

1. $z=0$에서만 위의 급수가 수렴한다.
2. 모든 z에 대하여 수렴한다.
3. $R>0$이 존재해서 $|z|<R$을 만족하는 z에 대하여 위의 급수는 수렴하고 $|z|>R$을 만족하는 z에 대하여 위의 급수는 발산한다.

3의 경우 $|z|=R$을 급수의 **수렴반경**이라 부른다. 1의 경우 $R=0$이며, 2의 경우 $R=\infty$이다.

예를 들어 급수 $\sum_{n=1}^{\infty}\frac{1}{n}z^n$의 수렴반경을 구해보자.

$z=1$이면 위의 급수는 발산하는 조화급수 $\sum_{n=1}^{\infty}\frac{1}{n}z^n=\sum_{n=1}^{\infty}\frac{1}{n}$을 얻는다. $z=-1$이면 위의 급수는 수렴하는 교대급수 $\sum_{n=1}^{\infty}\frac{1}{n}(-1)^n$가 된다. 그러므로 $|z|=1$은 주어진 급수의 수렴반경이다.

$|z|=R$이 급수 $\sum_{n=0}^{\infty}a_nz^n$의 수렴반경이고 $D=\{z \mid |z|<R\}$이라고 할 때 다음 네 가지 성질을 얻는다. (3을 제외한 나머지에 대한 증명은 생략한다.)

1. D에 정의된 함수 $f(z)=\sum_{n=0}^{\infty}a_nz^n$는 연속함수이다.
2. C가 D 내부의 한 경로일 때 다음이 성립한다.

$$\int_C\sum_{n=0}^{\infty}a_nz^n dz=\sum_{n=0}^{\infty}a_n\int_C z^n dz$$

3. D에 정의된 함수 $f(z)=\sum_{n=0}^{\infty}a_nz^n$는 해석함수이다.

증명 **[위의 3번]** C는 D 내부의 한 단순닫힌경로라고 하자. $n\geq 0$에 대하여 z^n은 D에서 해석적이기 때문에 코시-구르사 정리에 의해서 $\int_C z^n dz=0$이다. 그러면

$$\int_C f(z)dz = \int_C \sum_{n=0}^{\infty} a_n z^n dz = \sum_{n=0}^{\infty} a_n \int_C z^n dz = 0$$

가 된다. 즉, D에 포함되는 모든 단순닫힌경로 C 에 대하여 $\int_C f(z)dz = 0$ 이고 $f(z)$는 D 상에서 연속함수이다. 모레라 정리에 의해서 $f(z) = \sum_{n=0}^{\infty} a_n z^n$ 는 D 상에서 해석적 함수가 된다. ■

4. $f(z) = \sum_{n=0}^{\infty} a_n z^n$이 D에 정의된 함수일 때 $f'(z) = \sum_{n=0}^{\infty} n a_n z^{n-1}$로 주어진다. 즉, $\frac{d}{dz}\sum_{n=0}^{\infty} a_n z^n = \sum_{n=0}^{\infty} a_n \frac{d}{dz} z^n$이 성립한다.

위의 4번에 대한 응용문제로 $f(z) = \frac{1}{(1+z)^2}$에 대한 매클로린 급수를 구해보자. 먼저

$$\frac{d}{dz}\left(\frac{1}{1+z}\right) = -\frac{1}{(1+z)^2}$$

이므로

$$\frac{1}{(1+z)^2} = \frac{d}{dz}\left(-\frac{1}{1+z}\right)$$

가 된다. 그런데 $-\frac{1}{1+z} = -1 + z - z^2 + z^3 - \cdots$ 이다. 따라서

$$\begin{aligned}\frac{1}{(1+z)^2} &= \frac{d}{dz}\left(-\frac{1}{1+z}\right) = \frac{d}{dz}(-1 + z - z^2 + z^3 - \cdots) \\ &= 1 - 2z + 3z^2 - \cdots\end{aligned}$$

가 된다.

정리 6.3

$|z-z_0|=R$을 급수 $\sum_{n=0}^{\infty} a_n(z-z_0)^n$의 수렴반경이라고 하고 $f(z)=\sum_{n=0}^{\infty} a_n(z-z_0)^n$을 $D=\{z \mid |z-z_0|<R\}$ 상에 정의된 함수라고 하자. 그러면

$$f(z)=f(z_0)+f'(z_0)(z-z_0)+\frac{f''(z_0)}{2!}(z-z_0)^2$$
$$+\cdots+\frac{f^{(n)}(z_0)}{n!}(z-z_0)^n+\cdots$$

으로 나타낼 수 있다.

증명 $z=z_0$일 때

$$f(z_0)=\sum_{n=0}^{\infty} a_n(z_0-z_0)^n=a_0$$

이다. 따라서 $a_0=f(z_0)$으로 주어진다. $f'(z)=\sum_{n=1}^{\infty} na_n(z-z_0)^{n-1}$이므로

$$f'(z_0)=\sum_{n=1}^{\infty} na_n(z_0-z_0)^{n-1}=a_1$$

이다. 따라서 $a_1=\frac{f'(z_0)}{1!}$가 된다. $f''(z)=\sum_{n=2}^{\infty} n(n-1)a_n(z-z_0)^{n-2}$이므로

$$f''(z_0)=\sum_{n=2}^{\infty} n(n-1)a_n(z_0-z_0)^{n-2}=2a_2$$

이다. 따라서 $a_2=\frac{f''(z_0)}{2!}$가 된다. 유사하게 이를 계속 진행시키면 $a_n=\frac{f^{(n)}(z_0)}{n!}$, $n=0, 1, 2, \cdots$을 얻는다. ■

6.3 테일러 급수

$f(z)$가 $D = \{z \mid |z - z_0| < R\}$에서 해석적이면 임의의 점 $z \in D$에 대하여 $f(z)$를 다음과 같이 무한급수로 나타낼 수 있다.

$$
\begin{aligned}
f(z) &= \sum_{n=0}^{\infty} \frac{f^{(n)}(z_0)}{n!}(z - z_0)^n \\
&= f(z_0) + f'(z_0)(z - z_0) + \frac{f''(z_0)}{2!}(z - z_0)^2 + \frac{f'''(z_0)}{3!}(z - z_0)^3 + \cdots
\end{aligned}
$$

위의 급수를 **테일러(Taylor) 급수**라 부른다.

$z_0 = 0$일 때

$$
\begin{aligned}
f(z) &= \sum_{n=0}^{\infty} \frac{f^{(n)}(0)}{n!} z^n \\
&= f(0) + f'(0)z + \frac{f''(0)}{2!}z^2 + \frac{f'''(0)}{3!}z^3 + \cdots
\end{aligned}
$$

가 되는데 이를 **매클로린(Maclaurin) 급수**라고 한다.

주목 ① 무한급수로 나타낼 수 있다는 말은 무수히 많은 항들을 더했을 때 유한값 $f(z)$로 수렴한다는 뜻이기 때문에 R을 **수렴반경**이라고도 한다.

② 매클로린 급수는 테일러 급수의 특별한 경우이지만 매클로린이 이 특별한 경우의 수렴성을 다루었기 때문에 그의 이름이 붙여졌다고 한다.

③ $f(z) = \sum_{n=0}^{\infty} a_n (z - z_0)^n$, $a_n = \frac{f^{(n)}(z_0)}{n!}$ 으로도 표시한다.

예를 들면, $f(z) = e^z$이고 $z_0 = \frac{\pi}{2}i$일 때

$$f\left(\frac{\pi}{2}i\right)=f'\left(\frac{\pi}{2}i\right)=f''\left(\frac{\pi}{2}i\right)=\cdots=e^{\frac{\pi}{2}i}$$

이다.

$f(z)=e^z$는 복소평면 전체에서 해석적이기 때문에(이 경우 $R=\infty$) 임의의 $z\in C$에 대하여 $f(z)$의 값은 다음과 같이 무한급수로 나타낼 수 있다.

$$\begin{aligned}f(z)&=e^{\frac{\pi}{2}i}+e^{\frac{\pi}{2}i}\left(z-\frac{\pi}{2}i\right)+\frac{e^{\frac{\pi}{2}i}}{2!}\left(z-\frac{\pi}{2}i\right)^2+\frac{e^{\frac{\pi}{2}i}}{3!}\left(z-\frac{\pi}{2}\right)^3+\cdots\\&=i+i\left(z-\frac{\pi}{2}i\right)+\frac{i}{2}\left(z-\frac{\pi}{2}i\right)^2+\frac{i}{6}\left(z-\frac{\pi}{2}i\right)^3+\cdots\end{aligned}$$

만약 $z_0=0$이면 임의의 $z\in C$에 대하여

$$f(z)=1+z+\frac{z^2}{2!}+\frac{z^3}{3!}+\frac{z^4}{4!}+\cdots$$

로 표현된다.

$f(z)=\dfrac{1}{1-z}$, $z_0=0$인 경우 z_0를 중심으로 해서 $f(z)$를 테일러 급수로 나타낼 수 있는 가장 큰 영역은 $D=\{z\,|\,|z|<1\}$이다(이 경우 $R=1$). 더욱이

$$\begin{aligned}&f(0)=1\\&f'(z)=\frac{1}{(1-z)^2},\quad f'(0)=1\\&f''(z)=\frac{2}{(1-z)^3},\quad f''(0)=2\\&f'''(z)=\frac{2\cdot 3}{(1-z)^4},\quad f'''(0)=3!\\&f^{(4)}(z)=\frac{2\cdot 3\cdot 4}{(1-z)^5},\quad f^{(4)}(0)=4!\\&\vdots\end{aligned}$$

이기 때문에 $z \in D$에 대하여 $f(z)=1+z+z^2+z^3+\cdots$로 나타낼 수 있다.

$f(z)=\dfrac{1}{1+z}=\dfrac{1}{1-(-z)}$, $z_0=0$인 경우 z_0를 중심으로 해서 테일러 급수로 나타낼 수 있는 가장 큰 영역은 $|-z|=|z|<1$이기 때문에 $D=\{z \mid |z|<1\}$이다. $z \in D$에 대하여 위의 결과를 활용하면(z 대신에 $-z$를 대입)

$$\begin{aligned} f(z) &= 1+(-z)+(-z)^2+(-z)^3+(-z)^4+\cdots \\ &= 1-z+z^2-z^3+z^4-\cdots \end{aligned}$$

로 쓸 수 있다.

$f(z)=\dfrac{1}{1+z^2}$, $z_0=0$인 경우 z_0를 중심으로 해서 테일러 급수로 나타낼 수 있는 가장 큰 영역은 $D=\{z \mid |z|<1\}$로 위의 두 경우와 같다. 유사하게 $z \in D$에 대하여

$$f(z)=1-z^2+z^4-z^6+z^8-\cdots$$

로 나타낼 수 있다.

예제 6.1

$f(z)=Log\, z$, $z_0=1+i$일 때 z_0를 중심으로 해서 $f(z)$를 테일러 급수로 나타낼 수 있는 가장 큰 영역 D를 구하여라.

풀이 $Log\, z$는 주 분지에서(즉, 실수 축 위의 0과 음수들에 대해서) 미분불가능하다. 이들 중 중심점 $1+i$에서 가장 가까운 점은 0이다.

따라서 $Log\, z=\sum_{n=0}^{\infty} a_n (z-(1+i))^n$으로 나타낼 수 있는 가장 큰 영역은 $D=\{z \mid |z-(1+i)|<\sqrt{2}\}$이다. 즉, $R=\sqrt{2}$이다.

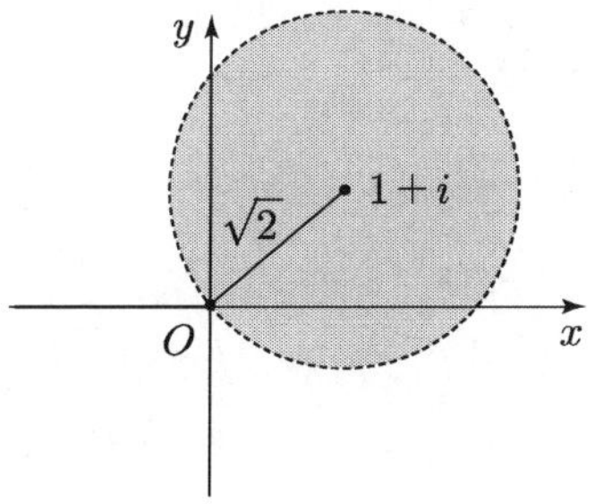

그림 6.2

사인과 코사인 삼각함수에 대한 매클로린 급수의 전개는 다음과 같다.

$$\sin z = \sum_{n=0}^{\infty} (-1)^n \frac{z^{2n+1}}{(2n+1)!} = z - \frac{z^3}{3!} + \frac{z^5}{5!} - \cdots, \quad |z| < \infty$$

$$\cos z = \sum_{n=0}^{\infty} (-1)^n \frac{z^{2n}}{(2n)!} = 1 - \frac{z^2}{2!} + \frac{z^4}{4!} - \cdots, \quad |z| < \infty$$

예제 6.2

$f(z) = (1-z^2)\cos z$, $z_0 = 0$일 때 $f(z)$를 매클로린 급수로 전개하고 매클로린 급수로 나타낼 수 있는 가장 큰 영역 D를 구하여라.

풀이
$$\begin{aligned}(1-z^2)\cos z &= (1-z^2)\left(1 - \frac{z^2}{2!} + \frac{z^4}{4!} - \cdots\right) \\ &= 1 - \frac{z^2}{2!} + \frac{z^4}{4!} - \cdots - z^2 + \frac{z^4}{2!} - \frac{z^6}{4!} + \cdots \\ &= 1 - \frac{3}{2}z^2 + \frac{13}{24}z^4 - \cdots\end{aligned}$$

$D = \{z \mid |z| < \infty\}$이다.

6.4 로랑 급수

실수 $R_2 > R_1 > 0$가 존재해서 $f(z)$는 $D=\{z \mid R_1 < |z-z_0| < R_2\}$에서 해석적이지만 z_0에서는 해석적이지 않다고 하자. C는 다음 그림과 같이 D 내부에 주어진 단순닫힌경로(반시계방향)라 하자.

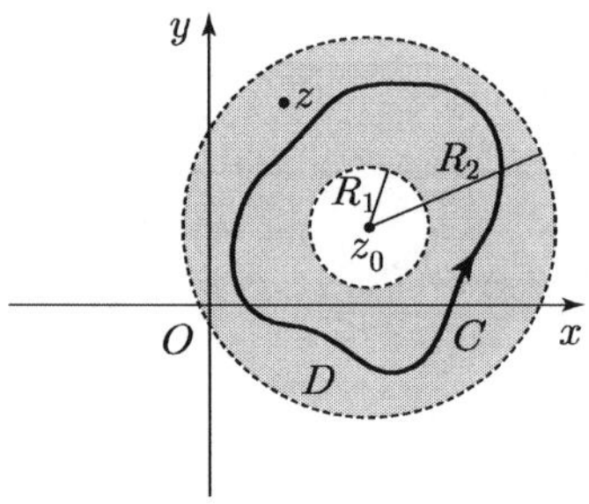

그림 6.3

그러면 모든 $z \in D$에 대하여 $f(z)$는 다음과 같은 무한급수로 나타낼 수 있다.

$$
\begin{aligned}
f(z) &= \sum_{n=-\infty}^{\infty} a_n (z-z_0)^n \\
&= \sum_{n=1}^{\infty} \frac{a_{-n}}{(z-z_0)^n} + \sum_{n=0}^{\infty} a_n (z-z_0)^n \\
&= \cdots + \frac{b_2}{(z-z_0)^2} + \frac{b_1}{z-z_0} + a_0 + a_1(z-z_0) + a_2(z-z_0)^2 + \cdots,
\end{aligned}
$$

여기서 $a_n = \dfrac{1}{2\pi i} \displaystyle\int_C \frac{f(z)}{(z-z_0)^{n+1}} dz, \quad n=0,\ 1,\ 2,\ \cdots$

$$b_n = a_{-n} = \frac{1}{2\pi i} \int_C \frac{f(z)}{(z-z_0)^{-n+1}} dz, \quad n=1,\ 2,\ 3,\ \cdots$$

이다. 위의 급수를 로랑(Laurent) 급수라 부른다.

예를 들어, $f(z) = \dfrac{3z+4}{z^2+z}$, $z_0 = 0$일 때 $f(z)$를 로랑 급수 즉, 다음과 같이 z의 멱급수로 나타내도록 하자.

$$f(z) = \cdots + \frac{b_3}{z^3} + \frac{b_2}{z^2} + \frac{b_1}{z} + a_0 + a_1 z + a_2 z^2 + \cdots$$

먼저 C가 $D = \{z \mid 0 < |z| < 1\}$에 속하며 반시계방향으로 진행하는 단순닫힌경로이면

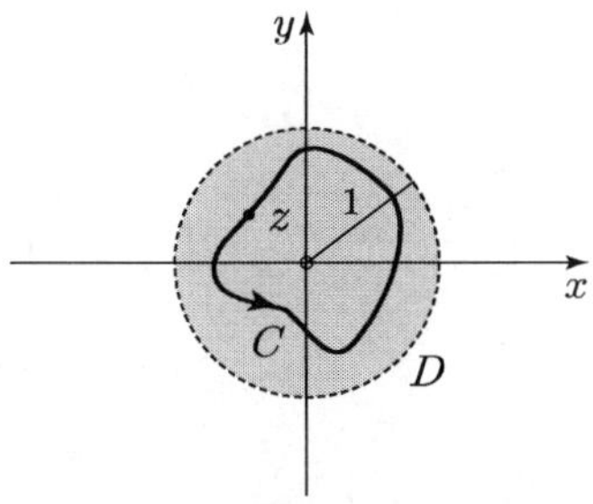

그림 6.4

$$a_0 = \frac{1}{2\pi i}\int_C \frac{f(z)}{z}dz = \frac{1}{2\pi i}\int_C \frac{\frac{3z+4}{z(z+1)}}{z}dz = \frac{1}{2\pi i}\int_C \frac{\frac{3z+4}{z+1}}{z^2}dz$$
$$= \frac{1}{2\pi i}\int_C \frac{g(z)}{z^2}dz$$

가 된다. 여기서 $g(z) = \dfrac{3z+4}{z+1}$이다. 게다가 $g'(z) = \dfrac{-1}{(z+1)^2}$이기 때문에 코시 적분 공식에 의해서 $a_0 = g'(0) = -1$로 주어진다. 이와 유사하게 a_i의 값들을 구하면 $a_1 = 1$, $a_2 = -1$, $\cdots$가 된다.

$n = 1$일 때

$$b_1 = \frac{1}{2\pi i}\int_C \frac{f(z)}{1}dz = \frac{1}{2\pi i}\int_C \frac{3z+4}{z(z+1)}dz = \frac{1}{2\pi i}\int_C \frac{\frac{3z+4}{z+1}}{z}dz$$

$$= \frac{1}{2\pi i}\int_C \frac{g(z)}{z}dz$$

로 나타난다. 여기서 또한 $g(z) = \dfrac{3z+4}{z+1}$이다. 코시적분 공식에 의해서 $b_1 = g(0) = 4$로 주어진다. 이와 유사하게 b_i의 값들을 계산하면 $b_2 = 0,\ b_3 = 0,\ \cdots$가 된다. 따라서 모든 $z \in D$에 대하여

$$f(z) = \frac{4}{z} - 1 + z - z^2 + \cdots$$

으로 나타낼 수 있다.

$f(z)$를 z의 멱급수로 나타내기 위하여 위와 같이 a_i, b_i를 일일이 구할 수도 있지만 더 효과적인 방법은 다음과 같다.

$$\begin{aligned} f(z) &= \frac{3z+4}{z^2+z} = \frac{1}{z}\left(\frac{3(z+1)+1}{z+1}\right) = \frac{1}{z}\left(3 + \frac{1}{1+z}\right) \\ &= \frac{1}{z}(3 + 1 - z + z^2 - z^3 + \cdots) \\ &= \frac{4}{z} - 1 + z - z^2 + \cdots + (-1)^{n+1}z^n + \cdots \end{aligned}$$

예제 6.3

$f(z) = \dfrac{1-z}{\sin z}$를 z의 멱급수(로랑 급수)로 나타내어라.

풀이 $z_0 = 0$인 경우이다. $\sin z = z - \dfrac{z^3}{3!} + \dfrac{z^5}{5!} - \dfrac{z^7}{7!} + \cdots$이기 때문에 $1-z$를 $\sin z$로 직접 나누고 첫 네 항을 구하면

$$f(z)=\frac{1-z}{z-\dfrac{z^3}{3!}+\dfrac{z^5}{5!}-\dfrac{z^7}{7!}+\cdots}=\frac{1}{z}-1+\frac{z}{3!}-\frac{z^2}{3!}+\cdots$$

가 된다. 멱급수로 나타낼 수 있는 가장 큰 영역은 $D=\{z\mid 0<|z|<\pi\}$이다. ■

예제 6.4

$f(z)=\dfrac{3z+4}{z^2+z}$를 $z+1$의 멱급수(로랑 급수)로 나타내어라.

풀이

$$\begin{aligned}
f(z)&=\frac{3z+4}{z^2+z}=\frac{3(z+1)+1}{z(z+1)}=\frac{3}{z}+\frac{1}{(z+1)z}\\
&=\frac{3}{z+1-1}+\frac{1}{(z+1)(z+1-1)}\\
&=\frac{-3}{1-(z+1)}+\frac{-1}{(z+1)(1-(z+1))}\\
&=-3[1+(z+1)+(z+1)^2+\cdots]+\frac{-1}{(z+1)}[1+(z+1)+(z+1)^2+\cdots]\\
&=-\frac{1}{z+1}-4+2(z+1)-4(z+1)^2+\cdots
\end{aligned}$$

이고 멱급수로 나타낼 수 있는 가장 큰 영역은 $D=\{z\mid 0<|z+1|<1\}$이다. ■

연습문제 6

1. $D=\{z \mid |z-2|<1\}$ 상에서 $f(z)$는 해석적이고 $f(2)=5$, $f'(2)=6$, $n \geq 2$에 대하여 $f^{(n)}(2)=0$의 값을 갖는다면 $f(z)$는 어떻게 주어지는가?
힌트 테일러 급수 사용

2. 다음에 정의된 $f(z)$가 정함수임을 증명하여라.

$$f(z)=\begin{cases} \dfrac{\cos z-1}{z^2}, & z \neq 0 \\ -\dfrac{1}{2}, & z=0 \end{cases}$$

3. $\csc z$를 z의 멱급수(매클로린 급수)로 나타내어라.
힌트 $\sin z$를 멱급수로 나타내고 나눈다.

4. $f(z)=\dfrac{1}{z^2}$, $z_0=2$일 때 $f(z)$를 멱급수로 전개하고 멱급수로 나타낼 수 있는 가장 큰 영역 D를 구하여라.

5. $f(z)=\dfrac{z}{z^4+9}$, $z_0=0$일 때 $f(z)$를 매클로린 급수로 전개하고 매클로린 급수로 나타낼 수 있는 가장 큰 영역 D를 구하여라.

6. $z_0=0$일 때 $f(z)$를 매클로린 급수로 전개하고 매클로린 급수로 나타낼 수 있는 가장 큰 영역 D를 구하여라.
(1) $f(z)=\sinh z$ (2) $f(z)=\cosh z$
힌트 $\sinh z=\dfrac{1}{2}(e^z-e^{-z})$, $\cosh z=\dfrac{1}{2}(e^z+e^{-z})$로 나타냄

7. $f(z)=\dfrac{e^z}{1+z}$, $z_0=0$일 때 $f(z)$를 매클로린 급수로 전개하고 매클로린 급수로 나타낼 수 있는 가장 큰 영역 D를 구하여라.

8. $f(z)=e^{\frac{3}{z}}$일 때 $f(z)$를 z의 멱급수(로랑 급수)로 나타내고 멱급수로 나타낼 수 있는 가장 큰 영역 D를 구하여라.

9. $f(z)=\dfrac{3}{z(z+1)}$일 때 $f(z)$를 $z+1$의 멱급수(로랑 급수)로 나타내고 멱급수로 나타낼 수 있는 가장 큰 영역 D를 구하여라.

10. $f(z)=\dfrac{1}{z(z-2)^3}$일 때 $f(z)$를 $z-2$의 멱급수(로랑 급수)로 나타내고 멱급수로 나타낼 수 있는 가장 큰 영역 D를 구하여라.

제7장

유수 정리

유수를 정의하고 단순단힌경로 내부에 특이점들이 존재하는 경우 복소적분을 계산하는데 유용하게 쓰이는 코시의 유수 정리를 소개하고 그 활용을 다룬다. 유수를 계산하여 적분을 구하는 방법으로 기존의 급수의 활용, 극점에서의 유수방법, 함수의 영점에서의 유수방법 등을 살펴본다.

7.1 유수 정리

함수 $f(z)$의 고립특이점은 다음과 같이 정의한다.

정의
점 z_0에서 $f(z)$는 해석적이지 않지만 어떤 $R > 0$이 존재해서 $0 < \lvert z - z_0 \rvert < R$을 만족하는 모든 z에 대해서 해석적일 때 z_0를 f의 **고립특이점(isolated singular point)**이라 한다.

z_0가 $f(z)$의 고립특이점이고 경로 C는 다음과 같이 반시계방향으로 진행할 때 $\int_C f(z)dz$를 구하는 효과적인 방법에 대해서 살펴보자.

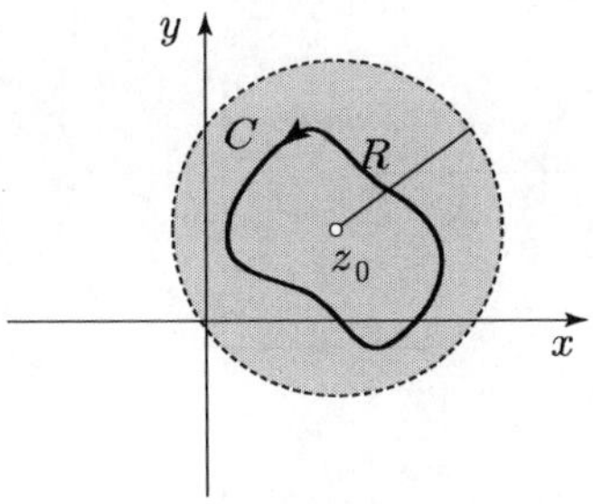

그림 7.1

$f(z)$는 z_0에서 해석적이지 않기 때문에 $0 < \lvert z - z_0 \rvert < R$을 만족하는 모든 z에 대하여 $f(z)$를 아래와 같이 로랑 급수로 전개할 수 있다.

$$f(z) = \sum_{n=0}^{\infty} a_n (z - z_0)^n + \frac{b_1}{z - z_0} + \frac{b_2}{(z - z_0)^2} + \cdots,$$

여기서 $b_1 = \frac{1}{2\pi i}\int_C \frac{f(z)}{(z-z_0)^0}dz = \frac{1}{2\pi i}\int_C f(z)dz$이다. 이로부터

$$\int_C f(z)dz = 2\pi i b_1$$

을 얻는다. b_1은 $\frac{1}{z-z_0}$항의 계수이다. 특히, b_1을 고립특이점 z_0에서 f의 유수(residue)라고 부른다. 즉, 유수만 구하면 선적분을 할 수 있다는 것을 의미한다.

예제 7.1

$f(z) = \frac{3}{z(z+1)}$일 때 다음 각 경로 C에 대하여 $\int_C f(z)dz$의 값을 구하여라.

(1) $C_1 : |z| = \frac{1}{2}$　　　　(2) $C_2 : |z+1| = \frac{1}{2}$

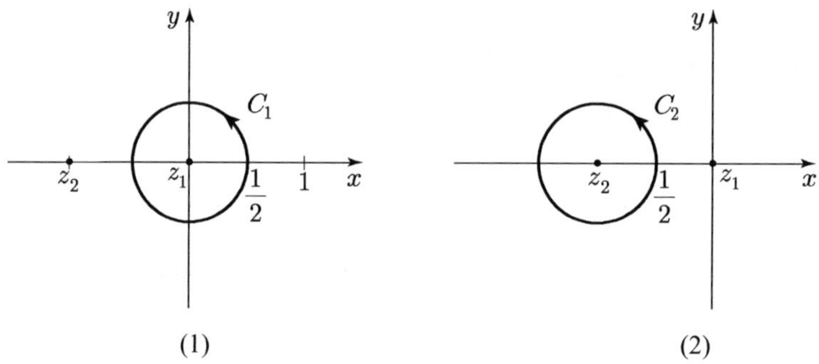

그림 7.2

풀이 $z_1 = 0$, $z_2 = -1$이 f의 고립특이점들이다. b_1을 z_1에서 f의 유수, b_2를 z_2에서 f의 유수라고 하자.

(1) $\frac{3}{z(z+1)} = \frac{3}{z}\frac{1}{1+z} = \frac{3}{z}(1 - z + z^2 - z^3 + z^4 - \cdots)$

$$= \frac{3}{z} - 3 + 3z - 3z^2 + 3z^3 - \cdots$$

으로부터 $b_1 = 3$임을 알 수 있다. 따라서 $\int_{C_1} f(z)dz = 2\pi i b_1 = 6\pi i$이다.

(2) $$\frac{3}{z(z+1)} = \frac{3}{(z+1)(z+1-1)} = \frac{-3}{(z+1)(1-(z+1))}$$
$$= \frac{-3}{z+1}(1+(z+1)+(z+1)^2+\cdots)$$
$$= \frac{-3}{z+1} - 3 - 3(z+1) - 3(z+1)^2 + \cdots$$

으로부터 $b_2 = -3$이기 때문에 $\int_{C_2} f(z)dz = 2\pi i b_2 = -6\pi i$이다. ■

주목 위의 함수 $f(z) = \dfrac{3}{z(z+1)}$에 대한 적분을 구할 때 경로 C_1을 매개변수표현
$z = \dfrac{1}{2}e^{i\theta}$, $0 \le \theta \le 2\pi$로 나타내는 방법을 취한다면 다음을 계산해야 하기 때문에

$$\int_C f(z)dz = \int_0^{2\pi} \frac{3i}{\left(\frac{1}{2}e^{i\theta}+1\right)} d\theta$$

어려움에 직면한다.

다음은 C의 내부에 고립특이점들이 여러 개인 경우를 다루는 코시의 유수 정리이다.

정리 7.1 (유수)

$z_1, z_2, \cdots, z_n$을 $f(z)$의 고립특이점들이라 하고 $b_1, b_2, \cdots, b_n$을 이들에 대한 f의 유수들이라고 하자. 그러면 $z_1, z_2, \cdots, z_n$을 포함하는 단순닫힌 경로(반시계방향) C에 대하여

$$\int_C f(z)dz = 2\pi i(b_1 + b_2 + \cdots + b_n)$$

이 성립한다.

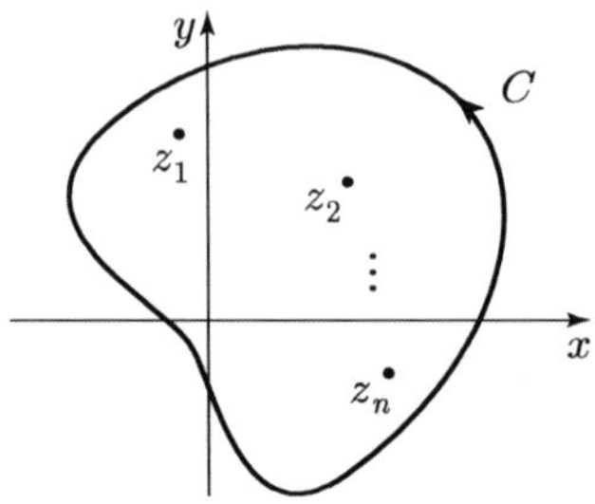

그림 7.3

예를 들어, $f(z) = \dfrac{3}{z(z+1)}$ 일 때 $C: |z| = 2$로 두면 f의 두 고립특이점들 $z_1 = 0$, $z_2 = -1$는 C의 내부점들이 된다.

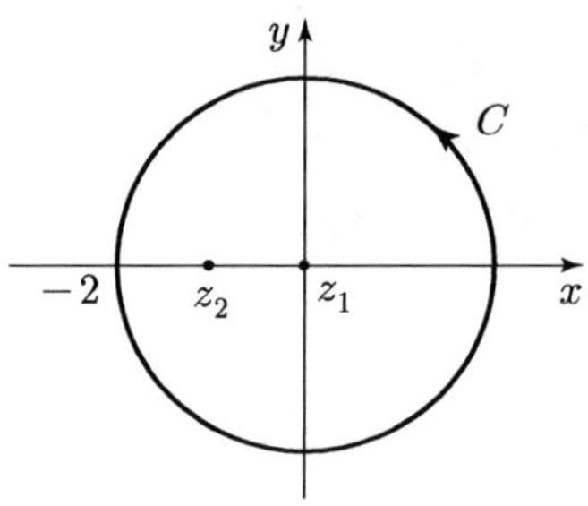

그림 7.4

코시의 유수 정리에 의해서

$$\int_C f(z)dz = 2\pi i(b_1 + b_2) = 2\pi i(3 + (-3)) = 0$$

이다.

예제 7.2 (기출 2010)

복소평면에서 곡선 C가 $C: z(t)=e^{it}(0 \le t \le 2\pi)$로 나타나는 단위원일 때, 다음 복소적분값 A, B에 대하여 $\frac{A}{B}$의 값을 구하여라.

$$A=\int_C (e^{z^2}+z^2 e^{\frac{1}{z}})dz, \quad B=\int_C \frac{1-z}{\sin z}dz$$

풀이 코시-구르사 정리 4.1에 의해서 $\int_C e^{z^2}dz=0$이고

$$\begin{aligned} z^2 e^{\frac{1}{z}} &= z^2\left(1+\frac{1}{z}+\frac{1}{2!z^2}+\frac{1}{3!z^3}+\frac{1}{4!z^4}+\cdots\right) \\ &= z^2+z+\frac{1}{2}+\frac{1}{6z}+\frac{1}{24z^2}+\cdots \end{aligned}$$

이므로 $z_0=0$에서 $z^2 e^{\frac{1}{z}}$의 유수는 $\frac{1}{6}$이다. 따라서

$$A=\int_C (e^{z^2}+z^2 e^{\frac{1}{z}})dz=2\pi i\frac{1}{6}$$

이다. 한편, 예제 6.3에서 $\frac{1-z}{\sin z}=\frac{1}{z}-1+\frac{z}{3!}-\frac{z^2}{3!}+\cdots$이므로 $z_0=0$ 역시 이 함수의 유일한 특이점이고 이 점에 대한 유수는 1이 된다.
$B=\int_C \frac{1-z}{\sin z}dz=2\pi i$이므로 $\frac{A}{B}$의 값은 $\frac{1}{6}$이다. ■

예제 7.3 (기출 2011)

복소평면에서 곡선 C는 $C: z(t)=e^{it}\ (0 \le t \le 2\pi)$로 나타나지는 단위원이다. 자연수 n에 대하여 복소적분 $\int_C z^n(e^z+e^{\frac{1}{z}})dz$의 값을 a_n이라 할 때

$\lim_{n\to\infty}\frac{a_{n+1}}{a_n}$의 값을 구하여라.

풀이 코시-구르사 정리 4.1에 의해서 $\int_C z^n e^z dz = 0$이다.

$$\begin{aligned} z^n e^{\frac{1}{z}} &= z^n\left(1+\frac{1}{z}+\frac{1}{2!z^2}+\cdots+\frac{1}{(n+1)!z^{n+1}}+\cdots\right) \\ &= z^n+z^{n-1}+\frac{1}{2}z^{n-2}+\cdots+\frac{1}{(n+1)!z}+\cdots \end{aligned}$$

이므로 $z_0=0$에서 $z^n e^{\frac{1}{z}}$의 유수는 $\frac{1}{(n+1)!}$이다. 따라서

$$a_n = 2\pi i\frac{1}{(n+1)!},\quad a_{n+1} = 2\pi i\frac{1}{(n+2)!}$$

이기 때문에 $\lim_{n\to\infty}\frac{a_{n+1}}{a_n}=\lim_{n\to\infty}\frac{1}{n+2}=0$이다. ■

7.2 세 종류의 고립특이점

z_0가 $f(z)$의 고립특이점이면 $0 < |z - z_0| < R$을 만족하는 모든 z에 대하여 다음과 같이 로랑 급수로 나타낼 수 있다고 하였다.

$$f(z) = \sum_{n=0}^{\infty} a_n (z - z_0)^n + \frac{b_1}{z - z_0} + \frac{b_2}{(z - z_0)^2} + \cdots$$

이제 b_i의 값에 따라 고립특이점을 세 가지 종류로 분류한다.

종류 1. 무수히 많은 b_i가 0이 아니면 z_0를 f의 **진성특이점**이라 한다.

종류 2. 모든 $i = 1, 2, 3, \cdots$에 대하여 $b_i = 0$이면 z_0를 f의 **제거가능특이점**이라 한다.

종류 3. 어떤 $m > 0$이 존재해서 $b_m \neq 0$이지만 $b_{m+1} = b_{m+2} = \cdots = 0$이면 z_0를 f의 m**차 극점(pole of order m)**이라 한다. $m = 1$인 경우는 **단순 극점**이라 부른다.

예를 들면

$$f(z) = e^{\frac{1}{z}} = 1 + \frac{1}{z} + \frac{1}{2!z^2} + \frac{1}{3!z^3} + \frac{1}{4!z^4} + \cdots$$

이기 때문에 $z_0 = 0$는 f의 진성특이점이다.

$$f(z) = \frac{\sin z}{z} = \frac{z - \frac{z^3}{3!} + \frac{z^5}{5!} - \cdots}{z} = 1 - \frac{z^2}{3!} + \frac{z^4}{5!} - \cdots$$

이므로 $z_0=0$는 f의 제거가능특이점이다. 마지막으로

$$\begin{aligned} f(z) &= \frac{3}{z(z+1)^2} = \frac{-3}{(z+1)^2(1-(z+1))} \\ &= \frac{-3}{(z+1)^2}(1+(z+1)+(z+1)^2+(z+1)^3+\cdots) \\ &= \frac{-3}{(z+1)^2} - \frac{3}{z+1} - 3 - 3(z+1) - 3(z+1)^2 - \cdots \end{aligned}$$

이기 때문에 $z_0=-1$은 f의 $m=2$차 극점이다.

위의 세 종류 중 특히 m차 극점에서의 유수를 구하는 방법을 소개한다.

극점에서의 유수

경우 1 $m=1$

z_0는 $f(z)$의 고립특이점이고 $f(z)=\dfrac{\phi(z)}{z-z_0}$로 나타낼 수 있다고 하자. 또한 $\phi(z)$는 z_0에서 해석적이고 $\phi(z_0)\neq 0$라고 가정하자. 그러면 어떤 $R>0$가 존재해서 $|z-z_0|<R$을 만족하는 모든 z에 대하여 ϕ를 다음과 같이 테일러 급수로 나타낼 수 있다.

$$\phi(z)=\phi(z_0)+\phi'(z_0)(z-z_0)+\frac{\phi''(z_0)}{2!}(z-z_0)^2+\frac{\phi'''(z_0)}{3!}(z-z_0)^3+\cdots$$

따라서

$$f(z)=\frac{\phi(z)}{z-z_0}=\frac{\phi(z_0)}{z-z_0}+\phi'(z_0)+\frac{\phi''(z_0)}{2!}(z-z_0)+\frac{\phi'''(z_0)}{3!}(z-z_0)^2+\cdots$$

로 쓸 수 있고 특이점 z_0는 f의 단순 극점($m=1$)이 되고 z_0에서 f의 유수는

$b_1 = \phi(z_0)$로 주어진다.

경우 2 : $m > 1$

z_0는 $f(z)$의 고립특이점이고 $f(z) = \dfrac{\phi(z)}{(z-z_0)^m}$로 나타낼 수 있다고 하자. 또한 $\phi(z)$는 z_0에서 해석적이고 $\phi(z_0) \neq 0$라고 가정하자. 그러면 어떤 $R > 0$가 존재해서 $|z - z_0| < R$을 만족하는 모든 z에 대하여 ϕ를 아래와 같이 테일러 급수로 나타낼 수 있다.

$$\phi(z) = \phi(z_0) + \phi'(z_0)(z - z_0) + \cdots + \frac{\phi^{(m-1)}(z_0)}{(m-1)!}(z - z_0)^{m-1} + \cdots$$

따라서

$$\begin{aligned} f(z) &= \frac{\phi(z)}{(z-z_0)^m} \\ &= \frac{\phi(z_0)}{(z-z_0)^m} + \frac{\phi'(z_0)}{(z-z_0)^{m-1}} + \cdots + \frac{\phi^{(m-1)}(z_0)}{(m-1)!(z-z_0)} + \frac{\phi^m(z_0)}{m!} + \cdots \end{aligned}$$

로 쓸 수 있고 특이점 z_0는 f의 m차 극점이 되고 z_0에서 f의 유수는 $b_1 = \dfrac{\phi^{(m-1)}(z_0)}{(m-1)!}$로 주어진다.

주목 $m = 1$의 경우 4.4절의 코시적분 공식과 같다. 즉, 이곳의 $\phi(z_0)$는 4.4절의 $f(z_0)$와 일치한다.

예를 들어 $f(z) = \dfrac{3}{z(z+1)}$이고 $C_1 : |z| = \dfrac{1}{2}$인 예제 7.1의 경우 $f(z) = \dfrac{\phi(z)}{z}$, $\phi(z) = \dfrac{3}{z+1}$로 나타낼 수 있고 $\phi(z_1) = \phi(0) = 3 \neq 0$이다. 따라

서 0는 f의 1차 단순 극점이 되고

$$\int_C \frac{3}{z(z+1)}dz = 2\pi i\phi(0) = 6\pi i$$

가 된다.

예제 7.4

$\displaystyle\int_{|z+2i|=2} \frac{1}{z^3-8i}dz$의 값을 구하여라.

풀이 $z^3-8i=0$을 만족하는 점들은 1.3절의 방법을 이용하면 $z_1=-2i$, $z_2=\sqrt{3}+i$, $z_3=-\sqrt{3}+i$가 된다. 또한 C는 중심점이 $-2i$이고 반지름이 2인 반시계방향으로 진행하는 원이기 때문에 z_2와 z_3은 C의 외부에 존재한다. 따라서 b_1을 z_1에서 $f(z)=\dfrac{1}{z^3-8i}$의 유수라고 하면

$$f(z) = \frac{1}{z^3-8i} = \frac{1}{(z+2i)(z-\sqrt{3}-i)(z+\sqrt{3}-i)} = \frac{\phi(z)}{z+2i},$$

$$\phi(z) = \frac{1}{(z-\sqrt{3}-i)(z+\sqrt{3}-i)}$$

로 나타낼 수 있고, 게다가

$$b_1 = \phi(-2i) = \frac{1}{(-2i-\sqrt{3}-i)(-2i+\sqrt{3}-i)} = -\frac{1}{12}$$

이 된다. 따라서

$$\int_{|z+2i|=2} \frac{1}{z^3-8i}dz = 2\pi i\left(-\frac{1}{12}\right) = -\frac{1}{6}\pi i$$

이다. ■

예제 7.5 (기출 1995)

$\int_{|z|=3} \frac{z^3+3z-1}{(z-1)(z+2)} dz$의 값을 구하여라.

풀이 $z_1 = 1$, $z_2 = -2$는 f의 두 고립특이점들이다. b_1, b_2를 이들의 유수라고 하자. $\phi_1(z) = \frac{z^3+3z-1}{z+2}$로 두면 $f(z) = \frac{\phi_1(z)}{z-1}$가 되고 ϕ_1은 $z_1 = 1$에서 해석적이며 $\phi_1(1) = 1 \neq 0$이다. $z_1 = 1$은 f의 단순 극점이 되기 때문에 $b_1 = \phi_1(1) = 1$의 값을 가진다.

유사하게 $\phi_2(z) = \frac{z^3+3z-1}{z-1}$로 두면 $f(z) = \frac{\phi_2(z)}{z+2}$가 되고 $z_2 = -2$는 f의 단순 극점이 되기 때문에 $b_2 = \phi_2(-2) = 5$의 값을 가진다. 유수 정리에 의해서 $\int_{|z|=3} \frac{z^3+3z-1}{(z-1)(z+2)} dz = 2\pi i(1+5) = 12\pi i$이다. ■

예제 7.6 (기출 1999)

$\int_{|z|=2} \frac{(z^2+7)e^{2z}}{(z-3)(z+1)^2} dz$의 값을 구하여라.

풀이 이 문제는 예제 4.10에서 코시적분 공식을 이용하여 다루었다. 여기서는 극점 개념을 이용한다. f는 두 개의 고립특이점을 가지지만 $z_0 = -1$만 경로 $C: |z| = 2$의 내부에 포함된다. $\phi(z) = \frac{(z^2+7)e^{2z}}{z-3}$으로 두면 $f(z) = \frac{\phi(z)}{(z+1)^2}$이 되고 ϕ는 -1에서 해석적이며 $\phi(-1) \neq 0$을 만족한다. 따라서 $z_0 = -1$은 f의 2차 극점이 된다.

$$\phi'(z) = \frac{(z-3)[(z^2+7)2e^{2z} + 2ze^{2z}] - (z^2+7)e^{2z}}{(z-3)^2}$$

이므로 $b_1 = \phi'(-1) = \dfrac{-4}{e^2}$가 된다. 유수 정리에 의해서

$$\int_{|z|=2} \frac{(z^2+7)e^{2z}}{(z-3)(z+1)} dz = 2\pi i b_1 = \frac{-8\pi i}{e^2}$$

를 얻는다. ■

예제 7.7

$f(z) = \dfrac{1}{z(z-2)^3}$일 때 경로 $C: |z-2|=1$에 대하여 $\displaystyle\int_C f(z)dz$의 값을 구하여라.

(1) 유수방법(급수를 전개하여 $\dfrac{1}{z-2}$의 계수를 구함)으로

(2) m차 극점에서의 유수방법으로

풀이 $z_0 = 2$만 C의 내부에 속한다. b_1을 z_0에서 f의 유수라고 하자.

(1) 연습문제 6의 10번에서 $\dfrac{1}{z-2}$의 계수는 $\dfrac{1}{8}$이다. 즉, $b_1 = \dfrac{1}{8}$이다. 따라서 $\displaystyle\int_C \frac{dz}{z(z-3)^3} = 2\pi i \frac{1}{8} = \frac{1}{4}\pi i$이다.

(2) $f(z) = \dfrac{1}{z(z-2)^3} = \dfrac{\phi(z)}{(z-2)^3}$, $\phi(z) = \dfrac{1}{z}$로 나타낼 수 있다. 따라서 $z_0 = 2$는 f의 3차 극점이다. $\phi''(z) = 2\dfrac{1}{z^3}$, $b_1 = \dfrac{\phi''(2)}{2!} = \dfrac{1}{8}$이므로 같은 결과가 주어진다. ■

다음은 함수 $f(z)$의 영점을 정의하고 영점에서의 유수를 구하는 방법에 대하여 살펴본다.

영점에서의 유수

함수 $q(z)$가 점 z_0에서 해석적이고

$$q(z_0)=q'(z_0)=q''(z_0)=\cdots=q^{(m-1)}(z_0)=0$$

이지만 $q^{(m)}(z_0)\neq 0$이면 z_0을 q의 m차 **영점(zero of order** m**)**이라고 한다.

주목 $q(z)$가 점 z_0에서 해석적이면 q는 적당한 ϵ-근방 $B_\epsilon(z_0)$에서 해석적이고 $q'(z_0)$, $q''(z_0)$, $\cdots$가 존재한다. 따라서 $q(z)$가 점 z_0에서 해석적이고 z_0가 q의 영점이면 z_0는 q의 고립된 영점이 된다.

이제 $f(z)=\dfrac{p(z)}{q(z)}$이고 p와 q는 z_0에서 해석적이며 $p(z_0)\neq 0$, z_0는 고립된 q의 m차 영점이라고 하자. 그러면 z_0는 $f(z)$의 m차 극점이 된다. 이유는 z_0가 q의 m차 영점이면 $q(z)$를 z_0을 중심으로 테일러 급수를 전개시키고 정리하면

$$\begin{aligned}q(z)&=\frac{q^{(m)}(z_0)(z-z_0)^m}{m!}+\frac{q^{(m+1)}(z_0)(z-z_0)^{m+1}}{(m+1)!}+\cdots\\&=(z-z_0)^m\left(\frac{q^{(m)}(z_0)}{m!}+\frac{q^{(m+1)}(z_0)(z-z_0)}{(m+1)!}+\cdots\right)\\&=(z-z_0)^m g(z)\end{aligned}$$

를 얻는다. 여기서 $g(z)$는 z_0에서 해석적이며 $g(z_0)\neq 0$를 만족한다. 이제 f를 다음과 같이 쓸 수 있다.

$$f(z)=\frac{p(z)}{q(z)}=\frac{p(z)}{(z-z_0)^m g(z)}$$

$\dfrac{p(z)}{g(z)}$는 z_0에서 해석적이며 0이 아니기 때문이다.

특히 $m=1$인 경우 $q(z)=(z-z_0)g(z)$로 쓸 수 있고

$$f(z)=\frac{p(z)}{q(z)}=\frac{p(z)}{(z-z_0)g(z)}$$

가 되어 z_0는 $f(z)$의 단순(1차) 극점이 된다. 따라서 z_0에서 $f(z)$의 유수는 $\dfrac{p(z_0)}{g(z_0)}$이다. 여기서 $g(z)$는 구체적으로 주어지지 않았지만 $q(z)=(z-z_0)g(z)$를 미분하면 $g(z_0)=q'(z_0)$임을 알 수가 있다. 따라서 z_0에서 $f(z)$의 유수는

$$\frac{p(z_0)}{q'(z_0)}$$

가 된다.

예제 7.8

각 경로 C에 대하여 $\displaystyle\int_C \cot z\, dz$의 값을 구하여라.

(1) $C: |z|=1$ (2) $C: |z-\pi|=1$

풀이 $f(z)=\cot z=\dfrac{\cos z}{\sin z}$이므로 $0, \pm\pi, \pm 2\pi, \cdots$가 $\cot z$의 고립특이점들이다.

(1) $z_0=0$만 C의 내부에 속하기 때문에 0에서 f의 유수를 구하면 된다.

첫 번째 방법으로 $\dfrac{\cos z}{\sin z}=\dfrac{1-\dfrac{z^2}{2!}+\dfrac{z^4}{4!}-\cdots}{z-\dfrac{z^3}{3!}+\dfrac{z^5}{5!}-\cdots}$을 계산하여 $\dfrac{1}{z}$의 계수를 구하면 1이 주어진다. 두 번째 방법은 $p(z)=\cos z$, $q(z)=\sin z$로 두면 $p(0)=1\neq 0$, $q(0)=0$, $q'(0)=1\neq 0$이므로 $z_0=0$에서 $f(z)$의

유수는 $\dfrac{p(z_0)}{q'(z_0)} = \dfrac{1}{1} = 1$이 된다. 따라서 $\displaystyle\int_C \cot z\,dz = 2\pi i(1) = 2\pi i$이다.

(2) $z_0 = \pi$만 C의 내부에 속하기 때문에 π에서 f의 유수를 구하면 된다. 하지만 $\dfrac{1}{z-\pi}$의 계수를 구하는 첫 번째 방법은 쉽지 않다. 두 번째 방법에 의해서 $p(\pi) = -1 \neq 0$, $q(\pi) = 0$, $q'(\pi) = -1 \neq 0$이므로 $z_0 = \pi$에서 $f(z)$의 유수는 $\dfrac{p(z_0)}{q'(z_0)} = \dfrac{-1}{-1} = 1$이 된다. 따라서 $\displaystyle\int_C \cot z\,dz = 2\pi i(1) = 2\pi i$이다. ■

주목 지금까지 다룬 적분방법들에 대한 요약은 부록에서 볼 수 있다.

연습문제 7

1. 복소함수 $f(z) = \dfrac{1}{\sin\left(\dfrac{1}{z}\right)}$의 모든 특이점을 구하고, 고립특이점과 비고립 특이점을 분류하여라.

2. 복소함수 $f(z) = \dfrac{\sin z}{z}$의 특이점을 구하여라. 어떤 종류의 특이점인가?

3. (기출 1994)

   복소적분 $\displaystyle\int_{|z|=1} e^{\frac{1}{z^2}}\,dz$의 값을 구하여라. ($C$: $|z|=1$는 반시계방향)

4. (기출 1996)

   복소적분 $\displaystyle\int_{|z|=1} z^3 \cos\frac{1}{z}\,dz$의 값을 구하여라. ($C$: $|z|=1$는 반시계방향)

5. (기출 2009)

   집합 X에서 X로의 함수 f를 $f(t) = \begin{cases} t\cos\dfrac{1}{t}, & t \neq 0 \\ 0, & t = 0 \end{cases}$으로 정의할 때, 〈보기〉에서 옳은 것을 모두 고른 것은?
   (단, R는 실수 전체의 집합이고 C는 복소수 전체의 집합이다.)

〈보기〉
ㄱ. $X = R$일 때 f는 $t = 0$에서 연속이다.
ㄴ. $X = C$ 일 때 f는 $t = 0$에서 연속이다.
ㄷ. $X = C$ 일 때 $f(t) = \displaystyle\sum_{n=0}^{\infty}(-1)^n \frac{t^{1-2n}}{(2n)!}$은 모든 $t \in C - \{0\}$에 대하여

성립한다.

ㄹ. $X=C$ 일 때 $\int_{|t|=1} f(t)dt = 2\pi i$ 이다.

① ㄱ, ㄷ ② ㄱ, ㄹ ③ ㄴ, ㄹ

④ ㄱ, ㄴ, ㄷ ⑤ ㄱ, ㄷ, ㄹ

힌트 ㄱ. 압축(샌드위치)정리 사용

ㄴ. $t_n = \frac{1}{n} \to 0$, $s_n = \frac{i}{n} \to 0$ 일 때 $f(t_n) \to 0$, $f(s_n) \to \infty$ 임을 보임

ㄷ. $\cos\frac{1}{t}$ 을 테일러 급수로 나타낸다.

ㄹ. $t=0$ 에서 f 의 유수를 구한다.

6. 복소적분 $\int_{|z|=2} \frac{6z}{z^2+1}dz$ 의 값을 구하여라.

7. 복소적분 $\int_{|z-i|=1} \frac{1}{(z-i)^3(z+i)^2}dz$ 의 값을 구하여라.

8. 각 경로 C 에 대하여 $\int_C \tan z\,dz$ 의 값을 구하여라.

(1) $C : \left|z-\frac{\pi}{2}\right| = \frac{\pi}{2}$ (2) $C : |z|=2$

9. 복소적분 $\int_{|z-i|=2} \frac{z^{10}+1}{z^7+2z^5}dz$ 의 값을 구하여라.

10. 복소적분 $\int_{|z|=\pi/2} \frac{\csc z}{z^2}dz$ 의 값을 구하여라.

11. 각 경로 C에 대하여 $\int_C \frac{dz}{z^2+2z+3}$ 의 값을 구하여라.

(1) C : 윗부분은 곡선 $y=5-x^2$ (2) C : $|z|=1$

아랫부분은 직선 $y=1$

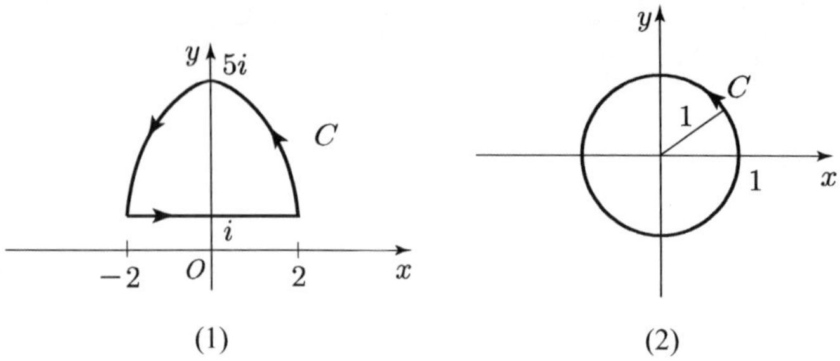

그림 7.5

12. 복소적분 $\displaystyle\int_{|z-2|=1/2} \frac{1}{z(z-2)^4}dz$의 값을 다음 두 방법으로 구하여라.

(1) 함수를 급수로 나타내어 $\dfrac{1}{z-2}$의 계수를 구하는 방법으로

(2) m차 극점 방법으로

13. 복소적분 $\displaystyle\int_{|z|=10} \frac{(\cos z+\sin z)^{10}}{e^z-1}dz$의 값을 구하여라.

14. (기출 2012)

〈조건〉을 만족시키는 고립특이점(isolated singularity) $z=0$을 갖는 복소함수만을 〈보기〉에서 있는 대로 고른 것은?

조건 임의의 $w\in C$에 대하여 $\lim\limits_{n\to\infty} z_n=0$이고 $\lim\limits_{n\to\infty} f(z_n)=w$인 수열 $\{z_n\}$이 존재한다.

〈보기〉

ㄱ. $f(z)=z\sin\dfrac{1}{z}$ ㄴ. $f(z)=\dfrac{\sin z}{e^z-1}$

ㄷ. $f(z)=\dfrac{1}{\sin z}$

① ㄱ ② ㄴ ③ ㄱ, ㄴ

④ ㄱ, ㄷ ⑤ ㄴ, ㄷ

제8장

유수의 활용

유수를 활용하여 실함수에 대한 특이적분을 계산하는 과정을 살펴보고 적용해본다. 특별한 형태를 갖는 함수에 대하여 유수와 조르단 부등식을 함께 적용하여 실함수에 대한 특이적분을 다루어 본다. 또한 사인, 코사인과 관련되는 함수의 정적분을 유수를 이용하여 계산한다.

8.1 특이적분

이 절에서는 유수를 이용하여 다음과 같은 특이적분을 다루고자 한다.

$$\int_{-\infty}^{\infty} f(x)dx$$

경우 A. $f(x)$는 우함수[모든 $x \in R$에 대하여 $f(-x)=f(x)$]이고 $f(x)=\dfrac{p(x)}{q(x)}$의 형태를 갖는 함수이며 $p(x)$와 $q(x)$는 다항함수이고 $\deg q(x) \geq \deg p(x)+2$을 만족한다.

미분적분학에서는 연속함수 $f(x)$에 대한 특이적분을 아래와 같이 정의하고

$$\int_{-\infty}^{\infty} f(x)dx = \lim_{R_1 \to \infty} \int_{-R_1}^{0} f(x)dx + \lim_{R_2 \to \infty} \int_{0}^{R_2} f(x)dx$$

코시 주값(Cauchy principal value)은 다음과 같이 정의한다.

$$P.V. \int_{-\infty}^{\infty} f(x)dx = \lim_{R \to \infty} \int_{-R}^{R} f(x)dx$$

하지만 특이적분 $\int_{-\infty}^{\infty} f(x)dx$와 코시 주값 $P.V. \int_{-\infty}^{\infty} f(x)dx$은 항상 같다고 할 수 없다. 코시 주값은 존재하지만 특이적분은 존재하지 않을 수 있기 때문이다(연습문제 8의 3번 참조).

만약 주어진 함수 $f(x)$가 우함수이고 코시 주값이 존재한다면 다음이 성립한다.

$$P.V. \int_{-\infty}^{\infty} f(x)dx = \int_{-\infty}^{\infty} f(x)dx = 2\int_{0}^{\infty} f(x)dx$$

유수를 이용하여 특이적분을 다루는 가정을 간략하게 요약하면 아래와 같다.

① x-축 위쪽에 존재하는 $q(x)$의 영점들(즉, x-축 위쪽에 존재하는 $f(z)$의 고립특이점들)을 모두 구한다.

② 충분히 큰 R을 선택하여 실수축에서 $z=-R$에서 $z=R$까지의 선분과 $C_R : |z|=R$의 위쪽 반으로 구성되는 반시계방향인 단순닫힌경로 C $([-R, R] \cup C_R)$이 위의 영점들을 모두 포함할 수 있도록 한다(그림 8.1 참조).

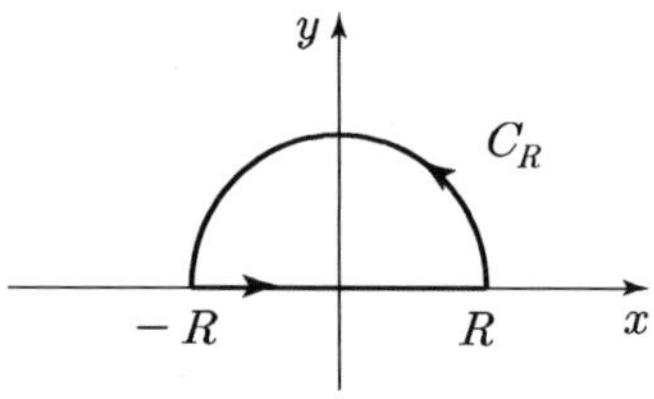

그림 8.1

③ 적분

$$\int_C f(z)dz = \int_{-R}^{R} f(x)dx + \int_{C_R} f(z)dz$$

와 유수 정리

$$\int_C f(z)dz = 2\pi i\left(\sum_{k=1}^{n} b_k\right)$$

를 결합하여

$$\int_{-R}^{R} f(x)dx + \int_{C_R} f(z)dz = 2\pi i\left(\sum_{k=1}^{n} b_k\right)$$

로 나타낸다. 여기서 $\sum_{k=1}^{n} b_k$는 $f(z)$의 유수들의 합이다.

④ $R \to \infty$일 때 $\int_{C_R} f(z)dz = 0$임을 보인다. 그러면

$$\int_{-\infty}^{\infty} f(x)dx = 2\pi i\left(\sum_{k=1}^{n} b_k\right) \text{ 또는 } \int_{0}^{\infty} f(x)dx = \pi i\left(\sum_{k=1}^{n} b_k\right)$$

가 된다.

예제 8.1

다음 적분값을 구하여라.

$$\int_{-\infty}^{\infty} \frac{3x^2+4}{x^4+3x^2+2}dx$$

풀이 $f(z) = \dfrac{3z^2+4}{z^4+3z^2+2} = \dfrac{3z^2+4}{(z^2+1)(z^2+2)}$로 두면 $z = \pm i$, $\pm\sqrt{2}i$는 f의 고립특이점들이 된다. $R > 2$를 택하여 다음 그림과 같이 i와 $\sqrt{2}i$를 포함하는 단순닫힌경로 $C = [-R, R] \cup C_R$을 그린다.

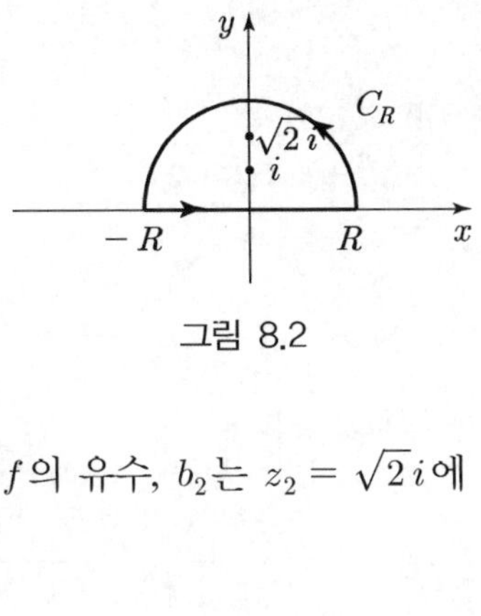

그림 8.2

b_1은 $z_1 = i$에 대한 f의 유수, b_2는 $z_2 = \sqrt{2}i$에 대한 f의 유수라 하자. 그러면

$$\int_C f(z)dz = 2\pi i(b_1 + b_2) = \int_{C_R} f(z)dz + \int_{-R}^{R} f(x)dx$$

로 분리하여 계산할 수 있다.

$\phi_1(z)=\dfrac{3z^2+4}{(z+i)(z^2+2)}$로 두면 $f(z)=\dfrac{\phi(z)}{z-i}$로 나타낼 수 있고 ϕ는 i에서 해석적이고 $b_1=\phi(i)=\dfrac{1}{2i}$이 된다.

$\phi_2(z)=\dfrac{3z^2+4}{(z^2+1)(z+\sqrt{2}\,i)}$로 두면 $f(z)=\dfrac{\phi(z)}{z-\sqrt{2}\,i}$로 쓸 수 있고 ϕ는 $\sqrt{2}\,i$에서 해석적이고 $b_2=\phi(\sqrt{2}\,i)=\dfrac{1}{\sqrt{2}\,i}$이 된다. 따라서

$$2\pi i(b_1+b_2)=2\pi i\left(\frac{1}{2i}+\frac{1}{\sqrt{2}\,i}\right)=(1+\sqrt{2})\pi$$

로 주어진다.

이제 $R\to\infty$일 때 $\displaystyle\int_{C_R} f(z)dz\to 0$임을 보이도록 하자.

절댓값 성질에 의해서 다음 부등식들이 성립한다.

$$\begin{aligned}
|3z^2+4| &\le |3z^2|+|4|=3R^2+4,\\
|z^2+1| &\ge ||z|^2-|1||=R^2-1,\\
|z^2+2| &\ge ||z|^2-|2||=R^2-2
\end{aligned}$$

그러므로

$$|f(z)|\le\left|\frac{3z^2+4}{(z^2+1)(z^2+2)}\right|\le\frac{3R^2+4}{(R^2-1)(R^2-2)}$$

이고

$$\begin{aligned}
0 &\le \left|\int_{C_R} f(z)dz\right|\\
&\le \int_{C_R}|f(z)|\,dz\le\frac{3R^2+4}{(R^2-1)(R^2-2)}\int_{C_R}dz\\
&=\frac{3R^2+4}{(R^2-1)(R^2-2)}\pi R
\end{aligned}$$

을 만족한다. $R \to \infty$일 때

$$\frac{3R^2+4}{(R^2-1)(R^2-2)}\pi R \to 0$$

이기 때문에 $\lim_{R\to\infty}\int_{C_R} f(z)dz = 0$이다. 또한 f는 우함수이므로

$$\lim_{R\to\infty}\int_{-R}^{R} f(x)dx = P.V.\int_{-R}^{R} f(x)dx = \int_{-\infty}^{\infty} f(x)dx$$

이고

$$\lim_{R\to\infty} 2\pi i(b_1+b_2) = 2\pi i(b_1+b_2)$$

이다. 따라서

$$\int_{-\infty}^{\infty} f(x)dx = 2\pi i(b_1+b_2) = (1+\sqrt{2})\pi$$

이다. ■

주목 위의 $\int_{C_R} dz$는 C_R의 길이(πR)을 의미한다.

경우 B. $f(x) = \frac{p(x)}{q(x)}\cos x$와 $f(x) = \frac{p(x)}{q(x)}\sin x$의 형태를 갖는 함수이며 $p(x)$와 $q(x)$는 다항함수이고 $q(x)$의 영점이 존재하지 않으며 $\deg q(x) \geq \deg p(x) + 2$을 만족한다.

$e^{ix} = \cos x + i\sin x$를 이용하면

$$\int_{-\infty}^{\infty} \frac{p(x)}{q(x)} e^{ix} dx = \int_{-\infty}^{\infty} \frac{p(x)}{q(x)} \cos x \, dx + i \int_{-\infty}^{\infty} \frac{p(x)}{q(x)} \sin x \, dx$$

로 나타낼 수 있다. 위의 식을 계산하고 실수부는 실수부, 허수부는 허수부끼리 등식으로 놓고 원하는 값을 구한다.

예제 8.2

다음 적분값을 구하여라.

$$\int_{-\infty}^{\infty} \frac{x}{(x^2+1)^2} \sin x \, dx$$

풀이 $f(z) = \dfrac{ze^{iz}}{(z^2+1)^2}$ 로 두면 $z = \pm i$는 f의 고립특이점들이 된다. $R > 1$을 택하여 다음 그림과 같이 i를 포함하는 단순닫힌경로 $C = [-R, R] \cup C_R$을 그린다.

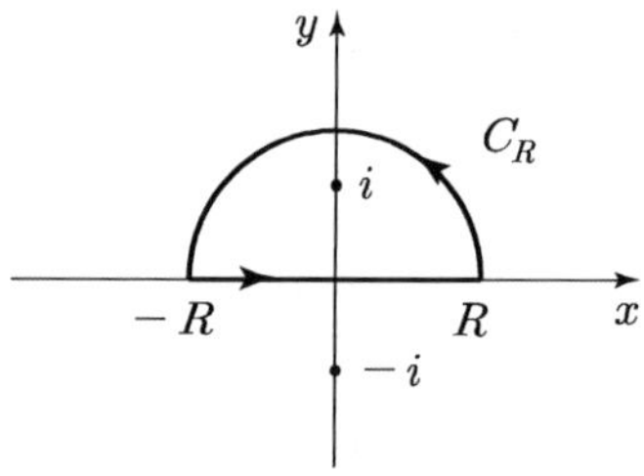

그림 8.3

b_1은 $z = i$에 대한 f의 유수라고 하고 이를 계산하도록 하자.

$\phi(z) = \dfrac{ze^{iz}}{(z+i)^2}$ 로 두면 $f(z) = \dfrac{\phi(z)}{(z-i)^2}$ 로 나타낼 수 있고, $\phi(z)$는 i에서 해석적이고 $\phi(i) \neq 0$이다. 그래서 $b_1 = \dfrac{\phi'(i)}{1!}$ 로 주어진다.

$$\phi'(z) = \frac{(z+i)^2(e^{iz}+ize^{iz}) - ze^{iz}(2)(z+i)}{(z+i)^4}$$

이므로

$$\phi'(i) = \frac{(i+i)^2 e^{i^2}(1+i^2) - ie^{i^2}(2)(i+i)}{(i+i)^4} = \frac{-4i^2e^{-1}}{2^4 i^4} = \frac{1}{4e}$$

을 얻는다. 즉, $b_1 = \dfrac{1}{4e}$이 된다.

이제 $\displaystyle\lim_{R\to\infty}\int_{C_R} f(z)dz = 0$임을 보인다.

C_R 상에 있는 점 z는 $|z| = R$을 만족하고, 또한 $y \geq 0$이기 때문에

$$|e^{iz}| = |e^{i(x+iy)}| = e^{-y} \leq 1$$

이라 할 수 있다. 더욱이

$$|z^2+1| \geq ||z|^2 - |1|| = R^2 - 1$$

이다. 그러므로 $|f(z)| = \left|\dfrac{ze^{iz}}{(z^2+1)^2}\right| \leq \dfrac{R}{(R^2-1)^2}$이고 C_R의 길이는 πR이기 때문에

$$0 \leq \left|\int_{C_R} f(z)dz\right| \leq \int_{C_R} |f(z)|dz \leq \frac{R}{(R^2-1)^2}\int_{C_R} dz = \frac{R}{(R^2-1)^2}\pi R$$

을 만족한다. 이제 $R\to\infty$이면 샌드위치 정리에 의하여 적분의 절댓값은 0으로 수렴하고 따라서 $\displaystyle\lim_{R\to\infty}\int_{C_R} f(z)dz = 0$가 성립한다.

한편 유수 정리에 의하여

$$\int_C f(z)dz = 2\pi i b_1 = 2\pi i \frac{1}{4e} = \frac{\pi}{2e}i$$

이고

$$\int_C f(z)dz = \int_{C_R} f(z)dz + \int_{-R}^{R} f(x)dx$$

이다. 따라서

$$\frac{\pi}{2e}i = \lim_{R\to\infty}\frac{\pi}{2e}i = \lim_{R\to\infty}\int_{C_R} f(z)dz + P.V.\int_{-\infty}^{\infty} f(x)dx$$

로 주어진다. 정리하면

$$\begin{aligned}\frac{\pi}{2e}i &= P.V.\int_{-\infty}^{\infty} f(x)dx \\ &= P.V.\left[\int_{-\infty}^{\infty}\frac{x\cos x}{(x^2+1)^2}dx + i\int_{-\infty}^{\infty}\frac{x\sin x}{(x^2+1)^2}dx\right] \\ &= P.V.\int_{-\infty}^{\infty}\frac{x\cos x}{(x^2+1)^2}dx + iP.V.\int_{-\infty}^{\infty}\frac{x\sin x}{(x^2+1)^2}dx\end{aligned}$$

를 얻는다. 이제 실수부는 실수부, 허수부는 허수부끼리 놓으면 다음 등식들이 성립한다.

$$0 = P.V.\int_{-\infty}^{\infty}\frac{x\cos x}{(x^2+1)^2}dx$$

$$\frac{\pi}{2e} = P.V.\int_{-\infty}^{\infty}\frac{x\sin x}{(x^2+1)^2}dx$$

그런데 $\frac{x\sin x}{(x^2+1)^2}$은 짝함수(even function)이다. 따라서

$$\int_{-\infty}^{\infty}\frac{x}{(x^2+1)^2}\sin x\,dx = \frac{\pi}{2e}$$

이다. ■

8.2 조르단 부등식을 적용한 특이적분

$f(x)=\dfrac{p(x)}{q(x)}\cos x$와 $f(x)=\dfrac{p(x)}{q(x)}\sin x$의 형태를 갖는 함수이며 $p(x)$와 $q(x)$는 다항함수이고 $q(x)$의 영점이 존재하지 않으며 $\deg q(x) \geq \deg p(x)+2$을 만족하지 않는다.

이 경우 다음 부등식을 활용한다.

정리 8.1 [조르단(Jordan) 부등식]

$R>0$이 상수일 때

$$\int_0^{\pi/2} e^{-R\sin\theta}d\theta < \frac{\pi}{2R}$$

가 성립한다.

증명 $0 \leq \theta \leq \dfrac{\pi}{2}$일 때 다음 그림에서 보듯이 $\sin\theta \geq \dfrac{2}{\pi}\theta$임을 알 수 있다.

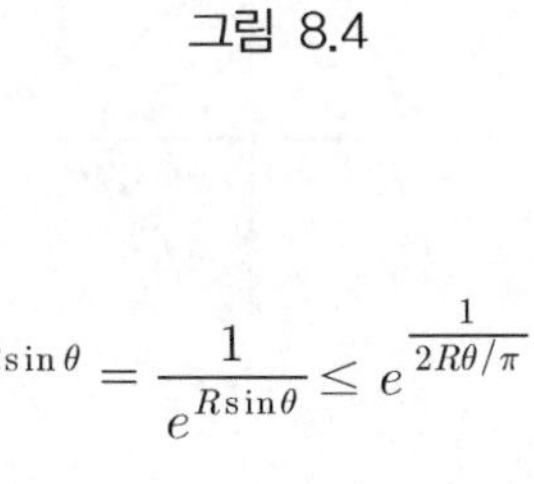

그림 8.4

$R>0$이므로

$$e^{-R\sin\theta}=\frac{1}{e^{R\sin\theta}} \leq e^{\frac{1}{2R\theta/\pi}}=e^{-2R\theta/\pi}$$

가 된다. 따라서

$$\begin{aligned}\int_0^{\pi/2} e^{-R\sin\theta} d\theta &\le \int_0^{\pi/2} e^{-2R\theta/\pi} d\theta \\ &= -\frac{\pi}{2R} e^{-2R\theta/\pi} \Big|_0^{\pi/2} \\ &= -\frac{\pi}{2R}(e^{-R}-1) \\ &= \frac{\pi}{2R} - \frac{\pi}{2R}e^{-R} \\ &< \frac{\pi}{2R}\end{aligned}$$

가 성립한다. ■

예제 8.3

다음 적분값을 구하여라.

$$\int_0^{\infty} \frac{x}{(x^2+2)} \sin x \, dx$$

풀이 $f(z) = \dfrac{ze^{iz}}{(z^2+2)}$로 두면 $z = \pm\sqrt{2}i$는 f의 고립특이점들이 된다. $R > 2$을 택하여 다음 그림과 같이 $\sqrt{2}i$를 포함하는 단순닫힌경로 $C = [-R, R] \cup C_R$을 그린다.

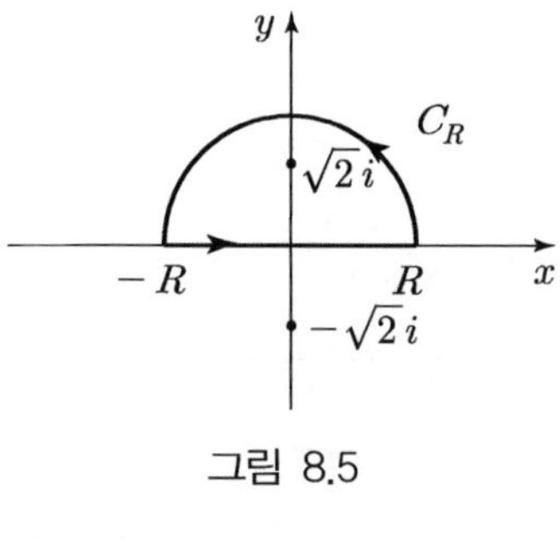

그림 8.5

b_1은 $z=\sqrt{2}\,i$에 대한 f의 유수라고 하자. $\phi(z)=\dfrac{ze^{iz}}{z+\sqrt{2}\,i}$로 두면 $f(z)=\dfrac{\phi(z)}{z-\sqrt{2}\,i}$로 나타낼 수 있고, $\phi(z)$는 $\sqrt{2}\,i$에서 해석적이다. 따라서 $b_1=\phi(\sqrt{2}\,i)=\dfrac{\sqrt{2}\,ie^{i(\sqrt{2}\,i)}}{2\sqrt{2}\,i}=\dfrac{1}{2}e^{-\sqrt{2}}$로 주어진다.

이제 $\displaystyle\lim_{R\to\infty}\int_{C_R} f(z)dz=0$임을 보이도록 하자.

C_R 상에 있는 점 z는 $|z|=R$을 만족하고 또한 $y\ge 0$이기 때문에

$$|e^{iz}|=|e^{i(x+iy)}|=e^{-y}\le 1$$

이라 할 수 있다. 또한

$$|z^2+2|\ge ||z|^2-|2||=R^2-2$$

이다. 그러므로

$$|f(z)|=\left|\frac{ze^{iz}}{z^2+2}\right|\le\frac{R}{R^2-2}$$

이고 C_R의 길이는 πR이기 때문에

$$\begin{aligned}0\le\left|\int_{C_R} f(z)dz\right|&\le\int_{C_R}|f(z)|dz\le\frac{R}{R^2-2}\int_{C_R}dz\\&=\frac{R}{R^2-2}\pi R=\frac{\pi R^2}{R^2-2}\end{aligned}$$

을 만족한다. 하지만 $R\to\infty$이면 $\displaystyle\lim_{R\to\infty}\frac{\pi R^2}{R^2-2}=\pi$가 되어 샌드위치 정리를 적용할 수가 없다. 이런 경우 조르단 부등식을 활용할 수 있다.

C_R 상에 있는 점 z는 $z=Re^{i\theta}$, $0\le\theta\le\pi$로 나타낼 수 있기 때문에

$$
\begin{aligned}
0 &\le \left| \int_{C_R} f(z)dz \right| \\
&= \left| \int_0^\pi f(Re^{i\theta}) Rie^{i\theta} d\theta \right| \\
&\le R \int_0^\pi |f(Re^{i\theta})| d\theta \\
&\le \frac{R^2}{R^2-2} \int_0^\pi \left| e^{iRe^{i\theta}} \right| d\theta \\
&= \frac{R^2}{R^2-2} \int_0^\pi \left| e^{-R\sin\theta + iR\cos\theta} \right| d\theta \\
&= \frac{R^2}{R^2-2} \int_0^\pi e^{-R\sin\theta} d\theta
\end{aligned}
$$

을 얻는다. $\sin\theta$는 $\theta = \frac{\pi}{2}$를 기준으로 대칭이기 때문에 $e^{-R\sin\theta}$ 역시 $\theta = \frac{\pi}{2}$를 기준으로 대칭이 된다. 따라서 조르단 부등식까지 적용하면

$$
\begin{aligned}
\frac{R^2}{R^2-2} \int_0^\pi e^{-R\sin\theta} d\theta &= \frac{2R^2}{R^2-2} \int_0^{\pi/2} e^{-R\sin\theta} d\theta \\
&\le \frac{2R^2}{R^2-2} \frac{\pi}{2R} \\
&= \frac{\pi R}{R^2-2}
\end{aligned}
$$

가 된다. 즉, $\lim_{R\to\infty} \int_{C_R} f(z)dz = 0$이다.

유수 정리에 의하여

$$
\int_C f(z)dz = 2\pi i b_1 = 2\pi i \frac{1}{2} e^{-\sqrt{2}} = \pi e^{-\sqrt{2}} i
$$

이고

$$\int_C f(z)dz = \int_{C_R} f(z)dz + \int_{-R}^{R} f(x)dx$$

이다. 따라서

$$\pi e^{-\sqrt{2}} i = \lim_{R \to \infty} \int_{C_R} f(z)dz + P.V. \int_{-\infty}^{\infty} f(x)dx$$

로 주어진다. 정리하면

$$\pi e^{-\sqrt{2}} i = P.V. \int_{-\infty}^{\infty} \frac{x \cos x}{x^2+2} dx + iP.V. \int_{-\infty}^{\infty} \frac{x \sin x}{x^2+2} dx$$

가 된다. 이제 실수부는 실수부, 허수부는 허수부끼리 놓으면 다음 등식들이 성립한다.

$$0 = P.V. \int_{-\infty}^{\infty} \frac{x \cos x}{x^2+2} dx$$

$$\pi e^{-\sqrt{2}} = P.V. \int_{-\infty}^{\infty} \frac{x \sin x}{x^2+2} dx$$

$\frac{x \sin x}{x^2+2}$은 짝함수이므로 $\int_0^{\infty} \frac{x}{x^2+2} \sin x \, dx = \frac{\pi}{2} e^{-\sqrt{2}}$이다. ■

8.3 사인, 코사인 관련 함수의 정적분

이 절에서는 $\int_0^{2\pi} f(\sin\theta,\ \cos\theta)d\theta$의 형태를 갖는 정적분을 계산한다.

이 경우 경로 $C: |z| = 1$을 선택하여 매개변수표현

$$z = e^{i\theta} = \cos\theta + i\sin\theta, \quad 0 \le \theta \le 2\pi$$

로 나타낸다. 그러면 $z^{-1} = e^{-i\theta} = \cos\theta - i\sin\theta$가 되고 앞의 두 식을 더하고, 빼고, 정리하면 다음을 얻는다.

$$\cos\theta = \frac{1}{2}(z + z^{-1})$$

$$\sin\theta = \frac{1}{2i}(z - z^{-1})$$

그리고 $z = e^{i\theta}$에서 $dz = ie^{i\theta}d\theta = izd\theta$가 되어

$$d\theta = \frac{1}{iz}dz$$

를 얻는다.

따라서 $\int_0^{2\pi} f(\sin\theta,\ \cos\theta)d\theta$를 변수 변환하여 복소적분 형태

$$\int_C f\left(\frac{1}{2i}(z - z^{-1}),\ \frac{1}{2}(z + z^{-1})\right)\frac{1}{iz}dz$$

로 나타낼 수 있다.

예제 8.4

다음 적분값을 구하여라.

$$\int_0^{2\pi} \frac{d\theta}{2+\sin\theta}$$

풀이 C를 반지름이 1인 원 $z=e^{i\theta}$, $0 \le \theta \le 2\pi$이라고 하자. 위의 적분을 복소적분 형태로 나타내면 다음과 같다.

$$\begin{aligned}\int_0^{2\pi} \frac{d\theta}{2+\sin\theta} &= \int_C \frac{\frac{1}{iz}}{2+\frac{1}{2i}(z-z^{-1})}dz \\ &= \int_C \frac{2dz}{2iz\left(2+\frac{1}{2i}(z-z^{-1})\right)} \\ &= \int_C \frac{2dz}{z^2+4iz-1} \\ &= \int_C f(z)dz\end{aligned}$$

여기서 $f(z)=\dfrac{2}{z^2+4iz-1}$이다. $z^2+4iz-1=0$의 근을 구하면

$$z=\frac{-4i \pm \sqrt{(4i)^2-4(1)(-1)}}{2(1)} = (-2\pm\sqrt{3})i$$

가 되고 $z_1=(-2+\sqrt{3})i=-0.268i$, $z_2=(-2-\sqrt{3})i=-3.732i$는 f의 두 고립특이점들이 된다. 이들 중 z_1이 C의 내부에 존재한다.

b_1을 z_1에서 f의 유수라고 하자. $f(z)=\dfrac{\phi(z)}{z-z_1}$, $\phi(z)=\dfrac{2}{z-z_2}$로 나타내면

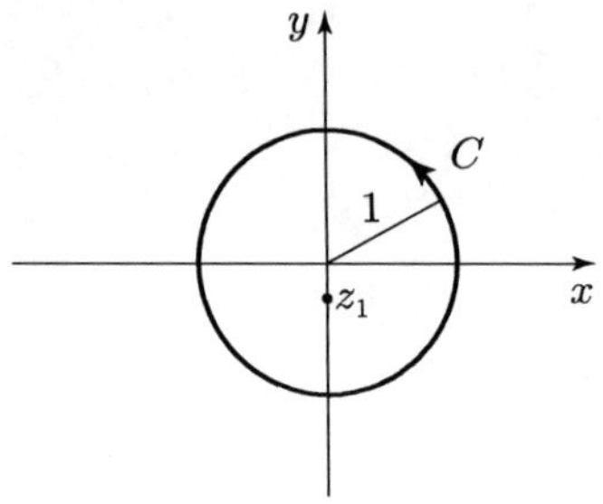

그림 8.6

$$\phi(z_1)=\frac{2}{z_1-z_2}=\frac{2}{(-2+\sqrt{3})i-(-2-\sqrt{3})i}=\frac{1}{\sqrt{3}\,i}$$

로 주어지며 ϕ는 z_1에서 해석적이기 때문에 $b_1=\phi(z_1)=\frac{1}{\sqrt{3}\,i}$가 된다. 그러므로

$$\int_0^{2\pi}\frac{d\theta}{2+\sin\theta}=\int_C f(z)dz=2\pi i b_1=2\pi i\frac{1}{\sqrt{3}\,i}=\frac{2\pi}{\sqrt{3}}$$

이다. ■

연습문제 8

1. 특이적분 $\int_{-\infty}^{\infty} \frac{1}{x^2+1} dx$의 값을 구하여라.

2. 특이적분 $\int_{-\infty}^{\infty} \frac{7x^2+23}{x^4+7x^2+12} dx$의 값을

   (1) 미분적분을 이용하여 구하여라.

   (2) 유수를 이용하여 구하여라.

3. $P.V. \int_{-\infty}^{\infty} x\,dx$는 존재하지만 $\int_{-\infty}^{\infty} x\,dx$는 존재하지 않음을 보여라.

4. 특이적분 $\int_{0}^{\infty} \frac{\cos x}{x^2+1} dx$의 값을 구하여라.

5. 특이적분 $\int_{0}^{\infty} \frac{x^3 \sin x}{x^4-6x^2+25} dx$의 값을 구하여라.

6. 특이적분 $\int_{0}^{\infty} \frac{x \sin x}{x^2+1} dx$의 값을 구하여라.

7. 특이적분 $\int_{0}^{\infty} \frac{\sin x}{x^2+1} dx$의 값을 구하여라.

8. 정적분 $\int_{0}^{2\pi} \frac{d\theta}{4+\sin\theta}$의 값을 구하여라.

9. 정적분 $\int_{0}^{2\pi} \frac{d\theta}{2+\cos\theta}$의 값을 구하여라.

제9장

로체 정리

단순닫힌경로 C의 내부에 복소함수 $f(z)$의 영점, 극점 그리고 회전수와의 관계를 알려주는 편각의 원리를 소개하고, 이를 이용하여 복소함수의 근의 대략적인 위치와 개수를 알려주는 로체 정리에 대해서 살펴본다.

9.1 편각의 원리

$f(z)$가 단순닫힌경로 C 위에서 해석적이며 0의 값을 갖지 않는다고 하자. 또한 f에 의한 C의 상(image)을 Γ라고 하자. 그러면 Γ는 닫힌경로가 되며 w-평면의 원점 $w=f(z)=0$을 지나가지 않는다. 따라서 Γ는 $w=0$을 포함하든지 아니면 포함하지 않는다.

z가 C 위에 있는 한 점 $\tilde{z}_0$에서부터 시작하여 C 위를 한 바퀴 돌고 $\tilde{z}_0$로 되돌아오면 Γ 위의 w는 점 $w_0=f(\tilde{z}_0)$에서부터 시작하여 Γ 위를 돌고 점 $w_1=w_0$로 되돌아온다. 이제 $\phi_0=\arg w_0$, $\phi_1=\arg w_1$로 두면 $\phi_1-\phi_0$는 z가 C 위에 있는 한 점 $\tilde{z}_0$에서부터 시작하여 C 위를 한 바퀴 돌고 $\tilde{z}_0$로 되돌아왔을 때 $f(z)$의 편각의 변화이다. 이를 다음과 같이 나타낸다.

$$\Delta_C \arg f(z)=\phi_1-\phi_0$$

그런데 $\Delta_C \arg f(z)$는 $2\pi n$, $n=0,\ 1,\ 2,\ \cdots$이기 때문에 Γ가 원점 $w=0$을 포함하면 $\dfrac{1}{2\pi}\Delta_C \arg f(z)$는 $w=f(z)$가 원점 $w=0$ 둘레를 회전한 횟수(회전수라고 부름)를 나타낸다.

예를 들어 $f(z)=z^2$이고 C는 $C: |z|=1$이라고 하자. $z=e^{i\theta}$, $0\le\theta\le 2\pi$로 나타내면 $w=e^{2\theta i}$가 되어 Γ는 $|w|=1$을 두 번 회전하게 된다.

$\dfrac{1}{2\pi}\Delta_C \arg f(z)$의 부호는 Γ의 회전 방향을 의미한다. 회전수가 양수일 때는 반시계방향, 음수일 때는 시계방향을 의미한다. Γ가 원점 $w=0$을 포함하지 않는 경우엔 $\dfrac{1}{2\pi}\Delta_C \arg f(z)$은 0의 값을 갖는다.

다음 정리는 단순닫힌경로 C의 내부에 $f(z)$의 영점, 극점 그리고 회전수와의 관계를 알려준다. 증명은 생략한다.

정리 9.1 [편각의 원리(argument principle)]

C를 반시계방향으로 진행하는 단순닫힌경로라 하자. $f(z)$는 C 위에서 해석적이며 0의 값을 갖지 않는다고 하자. C의 내부에서는 극점을 제외한 나머지 부분에서 해석적이라 하자. 또한 C의 내부에 f의 근(영점)이 Z개 있고(중복 포함하여) 극점은 P개 있다고 하자. 그러면

$$\frac{1}{2\pi}\triangle_C \arg f(z) = Z - P$$

가 성립한다.

다음 로체 정리는 편각 원리의 정리를 이용하여 함수의 근의 대략적인 위치와 개수를 알려준다.

9.2 로체 정리

정리 9.2 [로체(Rouche)]

다음 두 조건

(i) $f(z)$와 $g(z)$는 C의 내부와 그 위에서 해석적이다.

(ii) C 상의 모든 점 z에 대하여 $|f(z)|>|g(z)|$이다.

를 만족하면 C의 내부에서 $f(z)$와 $f(z)+g(z)$의 근(영점)의 개수는 함수 $f(z)$의 차수와 같다.

증명 근의 중복까지 고려했을 때 C의 내부에 있는 $f(z)$의 근의 개수를 Z_f로, $f(z)+g(z)$의 근의 개수를 Z_{f+g}로 나타내도록 하자. $f(z)$와 $g(z)$가 C의 내부에서 해석적이기 때문에 이들의 극점은 존재하지 않는다. 편각의 원리에 의해서

$$Z_f = \frac{1}{2\pi}\Delta_C \arg f(z), \quad Z_{f+g} = \frac{1}{2\pi}\Delta_C \arg\{f(z)+g(z)\}$$

가 된다. 편각의 성질 $\arg z_1 z_2 = \arg z_1 + \arg z_2$를 적용하면

$$\begin{aligned}\Delta_C \arg\{f(z)+g(z)\} &= \Delta_C \arg\left\{f(z)\left(1+\frac{g(z)}{f(z)}\right)\right\} \\ &= \Delta_C \arg f(z) + \Delta_C \arg\left\{1+\frac{g(z)}{f(z)}\right\}\end{aligned}$$

로 나타낼 수 있다. $H(z) = 1 + \dfrac{g(z)}{f(z)}$로 두면

$$Z_{f+g} = Z_f + \frac{1}{2\pi}\Delta_C \arg H(z)$$

를 의미한다. 그런데 $|H(z)-1|=\left|\dfrac{g(z)}{f(z)}\right|<1$이기 때문에 함수 $H(z)$에 의한 C의 상 Γ는 중심점이 $(1,\ 0)$이고 반지름이 1인 원판 내부에 주어진다는 것을 의미한다. Γ는 원점 $w=0$을 둘러싸지 않기 때문에($H(z)=0$이 되는 근이 C의 내부에 존재하지 않음) $\dfrac{1}{2\pi}\Delta_C \arg H(z)=0$이 된다. 따라서 $Z_f=Z_{f+g}$이다. ■

예제 9.1

$h(z)=z^4+\dfrac{3}{4}z^2-\dfrac{1}{4}$일 때 원 $C: |z|=2$의 내부에 존재하는 함수 h의 근의 개수를 구하여라. 즉, 방정식 $z^4+\dfrac{3}{4}z^2-\dfrac{1}{4}=0$의 근의 개수를 구하여라.

풀이 $f(z)=z^4,\ g(z)=\dfrac{3}{4}z^2-\dfrac{1}{4}$로 두면 $h(z)=f(z)+g(z)$가 되고 f와 g는 C의 내부와 그 위에서 해석적이다. $|z|=2$일 때

$$|f(z)|=|z^4|=16,$$
$$|g(z)|=\left|\frac{3}{4}z^2-\frac{1}{4}\right|\le\frac{3}{4}|z|^2+\frac{1}{4}=\frac{13}{4}$$

이므로 $|f(z)|>|g(z)|$를 만족한다. f의 차수가 4이기 때문에 로체의 정리에 의하여 C의 내부에 f와 $f+g$의 근은 4개가 존재한다. 따라서 C의 내부에 $h(z)=z^4+\dfrac{3}{4}z^2-\dfrac{1}{4}$의 근은 4개가 된다. 참고로

$$h(z)=z^4+\frac{3}{4}z^2-\frac{1}{4}=\left(z-\frac{1}{2}\right)\left(z+\frac{1}{2}\right)(z^2+1)$$

이기 때문에 h의 4개의 근들은 $\pm\dfrac{1}{2},\ \pm i$가 된다(그림 9.1 참조). ■

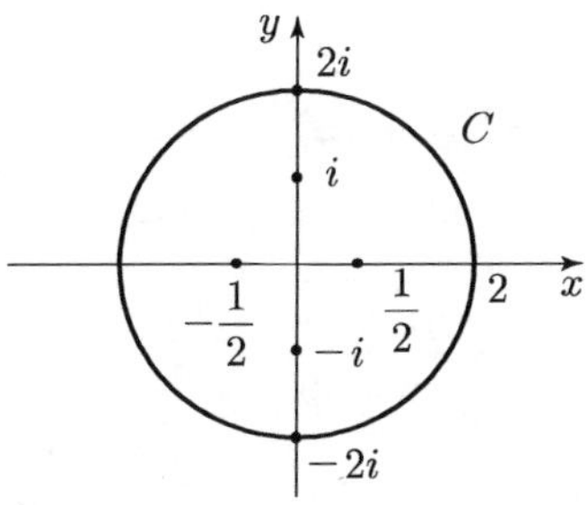

그림 9.1

예제 9.2

환원 $C: 1 \le |z| < 2$의 내부에 존재하는 다음 복소방정식

$$2z^5 - 6z^2 + z + 1 = 0$$

의 근의 개수를 구하여라.

풀이 아래와 같이 두 경우로 나누어서 접근한다.

경우 1 : $|z| = 1$
이 경우 $f(z) = -6z^2$, $g(z) = 2z^5 + z + 1$로 두면

$$f(z) + g(z) = 2z^5 - 6z^2 + z + 1$$

이 되고 f와 g는 원 $|z| = 1$의 내부와 그 위에서 해석적이다. $|z| = 1$일 때

$$|f(z)| = |-6z^2| = 6,$$
$$|g(z)| = |2z^5 + z + 1| \le 2|z|^5 + |z| + 1 = 4$$

이므로 $|f(z)| > |g(z)|$를 만족한다. f의 차수가 2이기 때문에 원 $|z| = 1$의 내부에 방정식 $2z^5 - 6z^2 + z + 1 = 0$의 근은 2개가 존재한다.

경우 2 : $|z|=2$

이 경우 $f(z)=2z^5$, $g(z)=-6z^2+z+1$로 두면 f와 g는 원 $|z|=2$의 내부와 그 위에서 해석적이다. $|z|=2$일 때

$$|f(z)|=|2z^5|=64,$$
$$|g(z)|=|-6z^2+z+1|\leq 6|z|^2+|z|+1=27$$

이므로 $|f(z)|>|g(z)|$를 만족한다. f의 차수가 5이기 때문에 원 $|z|=2$의 내부에 방정식 $2z^5-6z^2+z+1=0$의 근은 5개가 존재한다. 따라서 환원 C의 내부에 주어진 방정식의 근은 3개가 존재한다. ■

예제 9.3

$f(z)=\dfrac{1}{z^4+\frac{3}{4}z^2-\frac{1}{4}}$이고 반시계방향으로 진행하는 경로 C : $|z-4i|=2$에 대한 복소적분 $\displaystyle\int_C f(z)dz$의 값을 구하여라.

풀이 함수 $h(z)=z^4+\frac{3}{4}z^2-\frac{1}{4}$의 네 개의 근이 모두 원 $|z|=2$의 내부에 존재함을 예제 9.1에서 밝혔다. 따라서 $f(z)$의 특이점들은 C의 내부에 존재하지 않는다. 그러므로 코시-구르사 정리에 의해서 적분값은 0이다. ■

연습문제 9

1. $h(z)=z^8-5z^4-2z+1$일 때 원 C : $|z|=1$의 내부에 존재하는 함수 h의 근의 개수를 구하여라. 즉, 방정식 $z^8-5z^4-2z+1=0$의 근의 개수를 구하여라.

2. 환원 C : $1\le|z|<3$의 내부에 존재하는 다음 복소방정식

$$z^5-4z^3+z^2-1=0$$

의 근의 개수를 구하여라.

3. (기출 2008)

복소방정식 $z+e^{-z}=2$는 $|z-2|<2$에서 오직 한 개의 복소수 근을 가짐을 보이고, 그 근이 실근임을 보여라.

힌트 : $f(z)=z-2$, $g(z)=e^{-z}$로 두고 로체 정리를 적용하여 오직 한 개의 복소수 근을 가짐을 보이고 $y=0$일 때 중간값 정리를 이용하여 하나의 실근이 구간 $(0,\ 4)$ 내에 존재함을 보인다.

4. 복소적분 $\displaystyle\int_{|z-3|=1}\frac{1}{z^5+3z^3+z^2+1}dz$의 값을 구하여라.

힌트 : 로체 정리를 이용하여 함수의 근들이 어디에 위치하는지 알아본다.

부 록

복소적분의 요약

1. 함수 : $f(z)$

경로 C : 단순경로

C를 매개변수표현으로 나타냄

직선인 경우	원인 경우
$z = z(t),\ a \le t \le b$	$z = z(\theta),\ \alpha \le \theta \le \beta$

적분 : $\int_C f(z)dz = \int_a^b f(z(t))z'(t)dt \quad \int_C f(z)dz = \int_\alpha^\beta f(z(\theta))z'(\theta)d\theta$

2. 함수 : $f(z)$의 원시함수(역도함수) $F(z)$가 존재

경로 C : 단순경로

적분 : C의 시작점 $z_1 = z(a)$와 끝점 $z_2 = z(b)$에 대하여 $F(z)$를 계산

$$\int_C f(z)dz = F(z_2) - F(z_1)$$

3. 함수 : $f(z)$는 단순닫힌경로 위와 그 내부에서 해석적임

경로 C : 단순닫힌경로

적분 : 코시-구르사 정리에 의해서

$$\int_C f(z)dz = 0$$

4. 함수 : $g(z) = \dfrac{f(z)}{z - z_0}$

$f(z)$는 단순닫힌경로 C 위와 그 내부에서 해석적임

경로 C : 단순닫힌경로

적분 : 코시적분 공식 또는 1차 극점에서의 유수방법에 의해서

$$\int_C g(z)dz = \int_C \frac{f(z)}{z-z_0} = 2\pi i f(z_0)$$

5. 함수 : $g(z) = \dfrac{f(z)}{(z-z_0)^m}$, $m > 1$

   $f(z)$는 단순닫힌경로 C 위와 그 내부에서 해석적임

   경로 C : 단순닫힌경로

   적분 : 일반적인 코시적분 공식 또는 m차 극점에서의 유수방법에 의해서

$$\int_C g(z)dz = \int_C \frac{f(z)}{(z-z_0)^m} = \frac{2\pi i f^{(m-1)}(z_0)}{(m-1)!}$$

6. 함수 : $f(z) = \dfrac{p(z)}{q(z)}$, $q(z_0) = 0$, $q'(z_0) \neq 0$

   $p(z)$는 단순닫힌경로 C 위와 그 내부에서 해석적임

   경로 C : 단순닫힌경로

   적분 : 0점에서의 유수방법에 의해서

$$\int_C f(z)dz = \int_C \frac{p(z)}{q(z)} = 2\pi i \frac{p(z_0)}{q'(z_0)}$$

7. 함수 : $f(z)$

   $f(z)$는 고립특이점 z_1, z_2, $\cdots$, z_n만 제외한 단순닫힌경로 C 위와 그 내부에서 해석적임

   경로 C : 단순닫힌경로

   적분 : 유수 정리에 의해서

$$\int_C f(z)dz = 2\pi i(b_1 + b_2 + \cdots + b_n)$$

   b_i는 z_i에서 f의 유수

연습문제 해답

연습문제 1

1. (1) -1 (2) 1
2. 기울기가 $\frac{2}{3}$이고 y-절편이 $-\frac{5}{6}$인 직선
3. 중심점이 $\left(-\frac{4}{3},\ 0\right)$이고 반지름이 $\frac{8}{3}$인 원
4. 초점이 $(0,\ \pm 3i)$인 타원
9. $1,\ 0.309+i0.951,\ -0.809+i0.588,$ $-0.809-i0.588,\ 0.309-i0.951$
10. $\dfrac{3\sqrt{3}}{4}$
11. $\sqrt{3}-i,\ 2i,\ -\sqrt{3}-i$
13. $n \equiv 1 \pmod 4$
14. $\dfrac{\sin\frac{n+1}{2}\theta}{\sin\frac{1}{2}\theta}e^{\frac{n}{2}\theta i}$
15. $\cos\frac{\pi}{8}-i\sin\frac{\pi}{8},\ \cos\frac{3\pi}{8}+i\sin\frac{3\pi}{8},$ $\cos\frac{7\pi}{8}+i\sin\frac{7\pi}{8},\ \cos\frac{11\pi}{8}+i\sin\frac{11\pi}{8}$

연습문제 2

1. $f'(z)=3z^2$
2. (1) 없음 (2) 없음
7. (2) $-5+2iz$
8. $-\dfrac{1}{z^2}$
10. 도함수 $\dfrac{1}{z}$
11. ②

연습문제 3

1. (1) $i\left(-\dfrac{\pi}{2}+2n\pi\right),\ n=0,\ \pm1,\ \pm2,\ \cdots$

4. (2) $\exp\left(\dfrac{\pi}{2}+2n\pi\right),\ n=0,\ \pm1,\ \pm2,\ \cdots$

9. w-평면에 꼭지점이 $-i,\ 2+i,\ 1+2i,\ -1$로 구성된 직사각형(길이는 $\sqrt{2}$로 늘어나고 각은 반시계방향으로 45도 회전됨)

10. 원은 반지름이 $\dfrac{1}{2}$인 원으로, 원의 내부는 원의 외부로 사상된다.

11. 부채꼴은 w-평면에서 9에서 시작하여 -9에서 끝나는 반지름이 9인 반원으로 사상되고 부채꼴의 내부는 반원의 내부로 사상된다.

12. 극형식$(r,\ \theta)$으로 꼭지점이 $(1,\ 0),\ (e,\ 0),\ (e,\ 1),\ (1,\ 1)$이 되는 잘린 부채꼴 모양으로 사상되고 정사각형의 내부는 잘린 부채꼴의 내부로 사상된다.

13. 중심점이 원점이고 반지름이 e^2인 원으로 사상된다.

14. w-평면에 $y=-\dfrac{\pi}{2}$와 $y=\dfrac{\pi}{2}$ 사이의 무한 수평 띠로 사상된다.

15. w-평면에 반평면 $-\infty<x<\infty,\ y\geq 0$로 사상된다.

연습문제 4

1. $-\dfrac{16}{3}(1+i)$

2. (1) πi (2) $4\pi i$

3. $2\pi i$

4. $-6\pi+4\pi i$

5. $2i\left(\dfrac{3}{4}\pi+1\right)$

6. $\dfrac{5\pi}{4}-i\dfrac{1}{2}\log 2$

7. $1+2i$

8. -8π

9. $\frac{1}{4}(\pi+1)$

10. 0

11. 0

12. 0

13. $-\frac{\pi i}{8}$

14. (1) $2\pi i$ (2) $2\pi ai$ (3) $\frac{2\pi a^{n-1}i}{(n-1)!}$

15. 0

16. $z(t)=t+t^2 i,\ -2 \le t \le 2$, 적분값 : 8

17. $-\frac{1}{6}\pi i$

18. $\ker(T)$의 기저: $\{z,\ e^z\}$

연습문제 5

2. $\frac{\pi}{16}$

3. $\frac{1}{3}$

4. 절댓값 $|f(z)|$의 최대는 영역의 경계점인 $z=-R$일 때 나타나며 최댓값은 $R(R+1)$이다.

5. 최솟값이 일어나는 점 : 1, 최댓값이 일어나는 점 : -1

6. (가) z^2 (나) $\frac{3}{r^2}$ (다) $\frac{3}{4}$ (라) $-\frac{i}{3}$

9. $2+i$

연습문제 6

1. $f(z) = 6z - 7$

3. $\csc z = \frac{1}{z} + \frac{z}{6} - \frac{7}{360}z^3 + \cdots$

4. $\frac{1}{z^2} = \frac{1}{4} - \frac{1}{4}(z-2) + \frac{3}{16}(z-2)^2 - \cdots$

5. $D = \{z \mid |z| < \sqrt{3}\}$

6. (1) $\sinh z = z + \frac{z^3}{3!} + \frac{z^5}{5!} + \cdots$

7. $\frac{e^z}{1+z} = 1 + \frac{1}{2}z^2 - \frac{1}{3}z^3 + \frac{9}{24}z^4 - \cdots$, $D = \{z \mid |z| < 1\}$

8. $e^{\frac{3}{z}} = 1 + \frac{3}{z} + \frac{9}{2z^2} + \frac{9}{2z^3} + \cdots$, $D = \{z \mid 0 < |z| < \infty\}$

9. $\frac{-3}{z+1} - 3 - 3(z+1) - 3(z+1)^2 - \cdots$, $D = \{z \mid 0 < |z+1| < 1\}$

10. $\frac{1}{2(z-2)^3} - \frac{1}{4(z-2)^2} + \frac{1}{8(z-2)} - \frac{1}{16} + \frac{1}{32}(z-2) - \cdots$,
    $D = \{z \mid 0 < |z-2| < 2\}$

연습문제 7

1. 특이점 : 0, $\frac{1}{n\pi}$(n은 0이 아닌 정수)

   고립특이점 : $\frac{1}{n\pi}$(n은 0이 아닌 정수), 비고립특이점 : 0

2. 0, 제거가능특이점이다.

3. 0

4. $\frac{1}{12}\pi i$

5. ①

6. $12\pi i$

7. $\frac{3}{8}\pi i$

8. (1) $-2\pi i$　　(2) $-4\pi i$

9. $\frac{95}{8}\pi i$

10. $\frac{\pi i}{3}$

11. (1) $\frac{\pi}{\sqrt{2}}$　　(2) 0

12. (1) $-\frac{1}{8}\pi i$

13. $2\pi i$

14. ①

연습문제 8

1. π

2. $\frac{\pi}{6}(4\sqrt{3}+15)$

4. $\frac{\pi}{2}e^{-1}$

5. $\frac{\pi}{2e}\left(\cos 2+\frac{3}{4}\sin 2\right)$

6. $\frac{\pi}{2}e^{-1}$

7. 0

8. $\frac{2\pi}{\sqrt{15}}$

9. $\frac{2\pi}{\sqrt{3}}$

연습문제 9

1. 4개
2 2개
4 0

참고문헌

L. Ahlfors, *Complex Analysis, 3rd Edition*, McGraw-Hill Book Company, 1978.

R. V. Churchill and J. W. Brown, *Complex Variables and Applications, 6th Edition*, McGraw-Hill Publishing Company, 1996.

S. Lang, *Complex Analysis, 3rd Edition*, Springer-Verlag, 1993.

J. E. Marsden and M. J. Hoffman, *Basic Complex Analysis, 2nd Edition*, W. H. Freeman and Company, New York, 1987.

W. Rudin, *Real and Complex Analysis, 3rd edition*, McGraw-Hill Publishing Company, 1987.

H. Silvermann, *Complex Variables*, Houghton Fifflin Company, Boston, 1975.

R. A. Silverman, *Complex Analysis with Applications*, Dover Publications, Inc., New York, 1984.

M. R. Spiegel, *Complex Variables*, Schaum's Outline Series, 1964.

고석구 저, 《복소해석학개론》, 경문사, 2005.

김나리 저, 《임용수학의 네비게이션 해석학 : 해석학, 복소해석학, 위상수학, 미분기하학》, 교우사, 2010.

김동화 저, 《(길잡이) 복소해석학》, 교우사, 2008.

김용인 저, 《복소함수론 강의》, 경문사, 2005.

윤영수 저, 《복소함수론》, 형설출판사, 1982.

양영오 저, 《복소해석학의 이해》, 청문각, 2009.

이석영 저, 《복소해석학개론》, 희중당, 1988.

제임스 브라운 & 루엘 처칠 저, 허민 & 오혜영 역, 《복소함수론과 그 응용, 제7판》, 경문사, 2009.

한재영 저, 《수학심화연구해설》, 교우사, 2000.

찾아보기

■ 김군찬
계명대학교 자연과학대학 수학과 명예교수

■ 강영욱
계명대학교 자연과학대학 수학과 명예교수

복소 함수론의 이해

지은이 김군찬 · 강영욱
펴낸이 조경희
펴낸곳 경문사
펴낸날 2012년 6월 25일 1판 1쇄
2025년 9월 1일 1판 4쇄
등 록 1979년 11월 9일 제1979-000023호
주 소 04057, 서울특별시 마포구 와우산로 174
전 화 (02)332-2004 팩스 (02)336-5193
이메일 kyungmoon@kyungmoon.com

값 16,000원

ISBN 978-89-6105-606-9